环保第一课
垃圾分类从我做起

阿优文化 编绘

通用版
专家审定

U0247546

浙江少年儿童出版社
·杭州·

图书在版编目（CIP）数据

垃圾分类从我做起:通用版/阿优文化编绘. —
杭州:浙江少年儿童出版社,2022.3
（环保第一课）
ISBN 978-7-5597-1927-0

Ⅰ.①垃… Ⅱ.①阿… Ⅲ.①垃圾处理—少儿读物
Ⅳ.①X705-49

中国版本图书馆 CIP 数据核字(2021)第 055757 号

策划统筹：饶虹飞　马舒建　章成雷　董　敏
责任编辑：李艳鸽
文字编辑：江星宇　杨佳羽　林玲玲
整体设计：段智华　肖　吟
插图绘制：李金烽　来奕栋　陆延晨　沈　瑾
责任校对：马艾琳
责任印制：孙　诚

环保第一课
垃圾分类从我做起　通用版
LAJI FENLEI CONG WO ZUO QI TONGYONG BAN
阿优文化　编绘

浙江少年儿童出版社出版发行
杭州天目山路 40 号
浙江超能印业有限公司印刷
全国各地新华书店经销
开本 710mm×1000mm　1/16
印张 9.75
印数 1—3000
2022 年 3 月第 1 版
2022 年 3 月第 1 次印刷
ISBN 978-7-5597-1927-0
定价：25.00 元
（如有印装质量问题，影响阅读，请与承印厂联系调换）
承印厂联系电话：0573-84461338

垃圾分类我先行

　　全球垃圾污染触目惊心，中国垃圾分类迫在眉睫！每个人都是垃圾的制造者，有义务把垃圾通过分类放到合适的地方。

　　小朋友是国家的栋梁，接受知识和教育都很快，这本书来得非常及时。本书请来了阿 U，通过好看的故事、幽默的漫画，以及动手制作和趣味测试等有趣的方式，让小朋友在轻松快乐的体验中习得垃圾分类的知识，培养垃圾分类的意识，非常了不起！

　　希望小朋友看完本书后，能够改变自己的生活习惯。比如：吃完棒棒糖，不再将棒棒随手一扔，而是把它投入其他垃圾桶里；在帮助爸爸妈妈扔垃圾的时候，能检查一下他们扔得对不对，而不是一股脑地混装在一个袋子里；关注垃圾房或垃圾桶上的标志，做到正确分类。

　　垃圾分类，人人有责，让我们一起努力！

环保教育专家　梁清华

人物介绍

阿U

他是天生的好奇宝宝，对生活中的任何事，当然也包括垃圾分类，都充满好奇。古灵精怪的他，也有些小冲动，总会做些出人意料的事，也常能举一反三，说出些令人啼笑皆非的见解来。

冬冬

他憨厚随和，每天想得最多的就是吃。他平时总是呆呆的，动作慢半拍，但只要遇到吃的，就能爆发出惊人的速度。面对好朋友阿U提出来的千奇百怪的问题，冬冬总能联想到吃。关于垃圾分类，他闹出了不少笑话！

阿美

她成绩优异、充满爱心，但有些胆小，总是耐心等待大家的提问，不会急于表达自己的看法。无论在生活还是学习上，阿美都是别人的好榜样。在垃圾分类方面，她也是棒棒的！

兰银波

她喜欢武术，所以对于运动类问题，总是比谁都感兴趣。可对垃圾分类，兰银波总是分不清楚，会一直问个不停，完全不像她平时稳重的风格。

U爸

他博览群书，在家庭生活中是阿U的百科全书，很少有问题可以难倒他。有时他也会产生小错误，U妈会立刻出来纠正。在U爸看来，U妈说的永远都是对的。

U妈

她善良可爱，有着丰富的生活小常识，对阿U和U爸的无厘头行为常常感到头疼。有时她也会显露出少女心，比如，爱美和看偶像剧的时候。

目 录

魔术表演成功了吗?
——垃圾从哪儿来

电视里,魔术师正在给大家做表演。他把玫瑰花往帽子里一扔,再打个响指,就从帽子里变出一只小白兔来。

阿美和兰银波都觉得魔术师好厉害。

阿U却说:"不过是个简单的小魔术而已。"

兰银波当然不服气:"有本事你来变啊!"

"我来就我来!"阿U说完就开始后悔了,他哪会变什么魔术啊,只不过多嘴插了一句,但这时候说不会变肯定要被笑话的。

他无奈地东看看西看看,最后把目光锁定在垃圾桶上。

啊,有办法了!

阿U突然将空垃圾桶摆在桌子上,酷酷地说:"欢迎观看魔术师阿U的神奇表演!"他学着电视里魔术师的样子,先是很认真地给大家展示了一下他手里的遥控器,然后把遥控器往垃圾桶里一丢,打了个响指:"变!"

阿美和兰银波忙凑过去看,可是垃圾桶里面的遥控器还是遥控器,没有变成别的东西啊!

阿美问:"阿U,你的魔术是不是失败了?"

阿U却自信满满:"没有,很成功啊!"

兰银波指着垃圾桶:"可遥控器没有变成别的东西啊!"

阿 U 叉着腰,理直气壮地说:"它不是变成垃圾了吗?!"

U 爸一开门,发现屋子里吵吵闹闹的。

阿 U 很坚持,说:"丢在垃圾桶里的东西,就是垃圾啊!"

兰银波则反驳说:"遥控器还有用,不能算垃圾。"

两人请 U 爸评理。U 爸想了想,说:"对我们来说,垃圾是没有利用价值的东西,比如瓜皮果壳、烧坏的灯泡等等,并不是说你把东西扔在垃圾桶里,它就是垃圾。"

阿 U 却固执地说:"我不管,我觉得遥控器没用了,它就是垃圾。"

U 爸突然好像想起了什么,他指着电视说:"你们在看什么动画片?今天好像是大结局!"

"快换台!"阿 U 急忙捡回遥控器,对准了电视,但又觉得有些不对劲,一抬头,发现爸爸和两个小伙伴都笑嘻嘻地看着自己。

U 爸指着他手里的遥控器:"阿 U,这还是没用的垃圾吗?"

阿 U 不好意思地挠挠头,说不出话来。

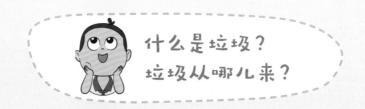

什么是垃圾？
垃圾从哪儿来？

生活中，哪些东西才是垃圾呢？

垃圾是人们认为没有用了而扔掉的东西，严格来说，就是失去使用价值或有不良作用的废弃物。我们的日常生活、生产活动中，都会产生很多垃圾。

另外，我们说的垃圾，一般是指固体废弃物。生活中最常见的垃圾有食物残渣、用过的卫生纸、废弃的商品包装袋、旧衣服、旧玩具等等。

垃圾又是从哪里来的呢？

垃圾的来源有很多：家里、学校、饭店、商场、工地、工厂……所有的东西都可能变成垃圾，所以垃圾的总量很大，构成也很复杂。我们经常接触到的垃圾有生活垃圾、工业垃圾和建筑垃圾等。

生活垃圾包括人们在居家生活中产生的垃圾，也包括菜市场、大商场和公园等公共场所产生的垃圾，还包括街道清扫垃圾、企事业单位产生的生活垃圾等。工业垃圾、建筑垃圾分别是指在工业生产和建筑过程中产生的垃圾。

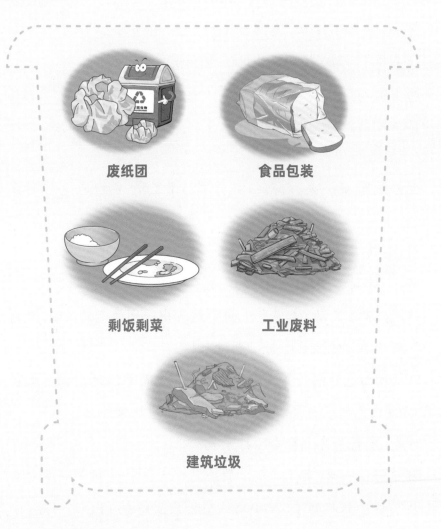

废纸团

食品包装

剩饭剩菜

工业废料

建筑垃圾

被垃圾袋缠住的小鸟
——远离垃圾围城

周末，阿U和小伙伴们一起在公园里野餐。

突然，草丛中传来了窸窸窣窣的声音，有团白色的东西一闪而过。

阿美吓了一跳，指着草丛说："那里有什么东西？"

阿U壮着胆子走过去，检查了一遍，说："没有东西啊！"

话音刚落，另一边的草丛中又发出了一阵窸窸窣窣的声音，阿美又一指："在那儿！"

兰银波眼疾手快，蹿过去拨开草丛看了看，不解地说："什么也没有啊！"

难道，是有人在恶作剧？

可是，四周都是草地，根本藏不了人啊！

这时，草丛又动了起来，里面突然蹿出一团白色的东西，吓得兰银波一屁股坐在了地上，大喊："别过来！"

可那团白色的东西并没有扑向兰银波，而是满地打滚。大家都呆住了，那团白色的东西原来是一只脏兮兮的塑料袋！

可是，塑料袋怎么会自己打滚呢？

阿U仔细一看，松了口气："原来是一只小鸟，它被塑料袋缠住了。"

大家赶紧一起动手，把小鸟从塑料袋里解救了出来。可是，小鸟看起来受伤了，怎么办呢？

碰巧，U爸来公园里散步，大家就请他帮忙。

U爸叹了口气，说："现在，垃圾污染真是越来越严重了！"

阿U很奇怪："爸爸，这和垃圾污染有什么关系啊？"

U爸解释说："我们每天都在产生大量的垃圾，大部分垃圾都被送到了垃圾填埋场和焚烧厂。但是，有些垃圾没有预先处理，就直接被丢弃在自然界中，给动物和环境带来了严重的危害。"

说着，U爸掏出手机，给大家看了许多照片。照片里，有被塑料环套住的海龟，被渔网缠住的海豹，还有胃里都是塑料颗粒的水鸟……每一张照片，都让人触目惊心。

大家难过极了，想不到垃圾造成的危害这么严重。

U爸要把小鸟送去宠物医院检查，小伙伴们也嚷嚷着要一起去。

"不过，"阿U指着野餐布上的垃圾说，"我们先把垃圾收起来。"

垃圾污染究竟有多可怕？

目前，垃圾污染的形势有多严峻呢？

如今，垃圾围城已经成为世界性难题。世界上有很多城市陷入垃圾围城的困境，许多快速发展的中国城市也在其中。有数据显示，中国目前 600 多座大中城市中，有 400 多座面临垃圾围城的威胁，约有 200 座城市没有合适的垃圾存放场所。

在众多垃圾带来的污染中，塑料垃圾的污染尤其严重，就连珠穆朗玛峰的峰顶，甚至太平洋的海底、人迹罕至的南北极，都有塑料垃圾的痕迹。据报道，以废弃塑料品为主的生活垃圾在太平洋北部形成了一个垃圾岛，平铺开来，竟然有法国那么大！

垃圾处理不当，危害多多，具体表现在哪几个方面呢？

✓污染水体：随便堆放或简单填埋的垃圾，所含的水分和淋入垃圾的雨水，共同产生渗滤液，流进土壤，污染地表水和地下水。另外，那些直接被扔进江河湖海的垃圾，也会对水体产生污染。

✓污染大气：垃圾长时间堆放或被焚烧时，会释放出大量有毒气体，如二氧化硫，致使空气中的悬浮颗粒物超标。由此容易引发酸雨、扬尘和雾霾天气等现象。

✓侵蚀土地：一方面，垃圾的堆放侵占了大量土地；另一方面，大量塑料制品、废金属等难以降解的垃圾，被直接填埋或遗留在土壤中，严重腐蚀土地，使农作物减产，甚至绝产。

✓生物性污染：垃圾中通常会滋生蚊、蝇、蟑螂和老鼠，而且还有很多致病的微生物，影响了人类和其他动物的健康！

垃圾长时间堆放，会产生易燃易爆气体。严重的话，还会发生爆炸事故，大家一定要注意！

　　垃圾散落在自然界中，需要很久才会降解。那么，不同的垃圾完全降解大致各需多长时间呢？快来看看下面的资料吧！

1 个月　　　　　　　6 个月　　　　　　30 ～ 40 年

200 年　　　　　　500 年以上　　　　100 万 ～ 200 万年

　　所以，我们平时要注意，不能随手乱扔垃圾，一定要把垃圾扔到相应的垃圾桶里哦！

阿U的"发明"

嘟嘟！烦人的小喇叭
——垃圾的收集

"嘟嘟——现在是可回收物收集时间！" 阿 U 拿着小喇叭站在客厅中央，戴着红臂章，上面写着"垃圾收集专员"。

房门打开了，U 爸从书房里拎出一袋废纸交给阿 U："专员同志，书房的废纸收集完毕，请检查！"

阿 U 打开袋子检查了一遍，小手一挥："嗯，不错，垃圾留下，你回去吧！"

接着过来的是 U 妈："专员同志，生活区和厨房都没有废纸，倒是厕所里有一袋……"

阿 U 的眉头一下子皱起来："那个不算！用过的厕纸已经被污染，不属于可回收物，收集时间在一天以后！"

U 妈试图求情："可是厕所的垃圾桶已经满了，不能现在就收吗？"

阿 U 义正词严道："不行，其他垃圾明天收！"

U 妈只好苦着脸走了。

阿 U 家这是演的什么戏呢？

原来，自从小区里开始实行垃圾分类，阿 U 就在家里亲自监督爸爸妈妈进行垃圾分类。让 U 爸 U 妈紧张不已的小喇叭嘟嘟声，就是垃圾收集的"信号"。

这可苦了U爸U妈，本以为儿子这么积极是好事，可不合理的垃圾收集方式和时间让家里全都乱了套。这样下去可不行，U爸U妈发出抗议，要争取更合理的垃圾收集方式。

　　可是阿U也很委屈，他觉得自己辛辛苦苦收集垃圾，那么多种垃圾在不同的时间收集，光闹钟就定了七八个——老爸老妈非但不领情，还说他的做法不合理。

　　一家人坐在一起，都苦着个脸。

　　U爸一拍桌子，提议道："既然你觉得辛苦，我们又觉得不方便，为什么不设立自助垃圾桶？我们想什么时候扔就什么时候扔，你只要在我们来扔的时候检查，一举两得啊！"

　　阿U和U妈一听，都觉得这个办法合理又省力，于是找来几个大纸箱，贴上不同的标签做成自助垃圾桶，放在客厅的角落里。

　　这下阿U明白了，垃圾收集光有积极的行动可不行，得讲究科学的方式方法。他终于可以把那七八个闹钟都关掉了。

垃圾收集的过程可不像想象中的那么简单，具体包括哪些细节呢？

系统来说，垃圾的收集过程包括了投放、收集和运输三个步骤。

一、投放

垃圾的投放，就是我们常说的扔垃圾。

垃圾分类实施以前，不管是剩饭剩菜，还是废纸和包装袋，统统都扔到了一起。每到夏天，垃圾桶就会散发臭味，苍蝇蚊子到处飞，那些可回收的垃圾混杂在其中，想回收也回收不了。

这种把所有垃圾混在一起扔的模式，叫混合投放。

垃圾分类实施以后，最明显的改变就是垃圾投放点的垃圾桶变多了，有可回收物、有害垃圾、厨余垃圾和其他垃圾之分，各类垃圾都要按类别投放。

这种把垃圾分好类再扔的模式，叫分类投放。

混合投放

分类投放

我们为什么要进行垃圾分类呢？

垃圾分类，指的是按照一定的标准，将垃圾分类储存、投放、搬运，从而转变成公共资源的一系列活动的概括。简单来说，我们要做的，就是把垃圾放在对应的垃圾桶里。

实行垃圾分类，可以减少土地占用、减少环境污染、实现资源回收再利用。目前最常见的是将垃圾分为可回收物、有害垃圾、厨余垃圾、其他垃圾四大类。下面是各类垃圾具体的标志和对应的垃圾桶颜色！

二、收集

垃圾的收集，就是把分散在各家各户的垃圾集中到一起。

√最常见的垃圾收集方法，是垃圾桶或垃圾箱收集。

√为了方便居民投放垃圾或清洁工收集垃圾，在城市里还专门设置了垃圾房，这些垃圾房一般都有规格要求，外观简洁美观。

√酒店和商场的垃圾，全部打包好放进大型垃圾袋里，需要等待垃圾车定点定时去收，这种叫垃圾袋收集。

√最环保的收集方法是管道收集，管道的密封性好，而且深埋在地下也不会影响交通。不过因为费用昂贵和系统复杂，目前只有小范围的商业区、高档小区在使用。

三、运输

人们把收集到的垃圾，通过清洁车运送到垃圾处理厂。

目前，多数国家都使用车辆运输垃圾，快捷又方便。但是车辆运输都是露天作业，容易产生二次污染，且运输量小，使用车辆的成本非常高。

不过，我们可以想象一下，如果有一天垃圾能实现管道收集，再将小型管道扩大，建造一个四通八达的管道运输系统，垃圾通过管道分好类直接进入垃圾处理厂，既不污染环境，且省时省力，那该有多好啊！

同学们，这个伟大的任务就交给你们，期待能在未来实现！

垃圾处理厂

袋子里的秘密

臭气熏天的不环保肥料
——垃圾的处理与回收

"好臭啊！什么东西这么臭？"

U爸一大清早就被一股臭味熏醒了，他捏着鼻子来到厨房找U妈："老婆，你是不是厨余垃圾没扔啊？这味道卧室都闻到了。"

没想到U妈也苦着一张脸："怎么可能！我还想问这味道哪来的呢。你来厨房看看，哪里臭了？"

没错，臭味的源头并不在厨房。U爸吸吸鼻子，目光在家里四处搜寻，最终锁定在一扇紧闭的房门上。

阿U的房间……

U爸和U妈一对视，觉得事情不简单。他们悄悄地接近阿U的房间，一左一右围住房门，握住门把手，倒数"三、二、一"，然后用力一推！

房门被打开了，一股浓烈的臭味扑面而来！U爸和U妈连忙伸手捂住鼻子。

"阿U，你在干什么？"

阿U从书桌前抬起头，鼻子里塞着两团纸巾："我在写作业啊，怎么了？"

难怪他闻不到臭味。U爸壮着胆子走进房间，在角落里发现了一大桶剩饭剩菜。奇怪，厨余垃圾怎么跑到阿U房间里来了？

　　U 爸当机立断，提起桶就往外走，阿 U 连忙拦住他："老爸你干吗？别扔啊，我好不容易攒的！"

　　U 爸 U 妈觉得很奇怪，攒剩饭剩菜干什么？

　　"小区楼下新种了好多花，我想给它们施肥，让它们长得更漂亮。用剩饭剩菜施肥不是更环保吗？"

　　阿 U 说得理直气壮，搞得 U 爸 U 妈哭笑不得。

　　"阿 U，你的想法很好，可是你的做法不对，这样一点都不环保。"

　　"怎么会？！剩饭剩菜都是可降解的啊？！"

　　U 爸解释道："虽然可降解，可是，剩饭剩菜会招来苍蝇蚊子，甚至是老鼠，这些动物身上都有很多细菌，会传染疾病，这能环保吗？像你这样，把剩饭剩菜捂在房间里，它们发酵后，产生的有害气体对空气也是一种污染啊！"

　　阿 U 这才恍然大悟，原来自己这么做不但不环保，反而是在制造破坏环境的"生化武器"啊！

垃圾处理的方式通常有哪些？

你是否也像阿 U 一样，以为剩饭剩菜直接填埋进土里就很环保呢？其实，垃圾处理的学问多着呢！垃圾处理主要有三种方式：填埋、堆肥和焚烧。让我们一起来看一看吧！

一、填埋

垃圾填埋是目前我国解决城市垃圾最主要的方式。虽然堆肥、焚烧、分选回收也是常

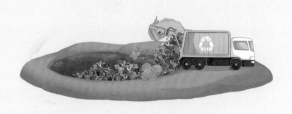

用的方法，但是其剩余的部分还是要来填埋。利用坑洼地将城市垃圾填埋起来，既可以将废弃物处理掉，又能覆土造地。

✓优点：投资较少，技术成熟，能大量处理垃圾，并使地表免除垃圾堆放带来的污染。

✓缺点：在地下，细菌大量残留，有重金属等有害物污染的潜在危险，而且垃圾渗透液会污染水源。

二、堆肥

垃圾堆肥技术主要用于处理厨余垃圾。将垃圾贮存发酵，可以产生沼气和有机肥。

现代堆肥技术已经非常成熟了，但是大多用于农村，之前在城市的推广并不顺利。直到近年，城市里开始实施垃圾分类，堆肥才再次回到人们的视线里。

垃圾堆肥存在的主要问题是：

√ 操作不规范会对环境造成二次污染。

√ 产生的沼气量不多。

√ 有机肥的营养成分不高。

√ 垃圾的转化率低，并不适合大规模应用。

三、焚烧

垃圾焚烧，已经有一百多年的历史，是各国处理垃圾的主要方式之一。它是指通过燃烧等高温氧化方式，让可燃垃圾减量。这种方法可以使庞大的垃圾体量迅速减少，剩余的废渣再经填埋处理。

垃圾焚烧时会产生热量，可以将热能转化为电能。这是一种比较有前景的垃圾处理方式，有诸多优势：

√ 可以产热、产电、产蒸气。

√ 焚烧后的灰渣可以被加工成筑路材料等。

√ 焚烧厂占地面积小，垃圾处理成本低。

√ 垃圾减量显著，而且可以将有害程度降到最低。

但是，垃圾焚烧过程中也会产生有害气体，这是焚烧处理的一大缺陷。

比一比：
看谁扔的垃圾少

　　阿U和兰银波突然想比一比，看谁一天产生的垃圾量比较少。你也来记一记吧，看看自己每天会产生多少垃圾？你是比阿U制造的垃圾多还是少呢？

苹果核　1个
纸　巾　6张
牛奶盒　1个
……

药渣竟然是厨余垃圾
——厨余垃圾总介绍

　　太阳快要落山了，阿U和小伙伴们玩累了，就相互告别，各自回了家。阿U刚进家门，就闻到了一股奇怪的味道。

　　这是什么情况？家里有什么东西放坏了吗？

　　阿U东闻闻西嗅嗅，最后顺着味道找到了厨房，U妈正在里面忙活呢。

　　"味道好奇怪啊！"阿U跑进厨房问，"老妈，你在做什么啊？"

　　U妈正把小瓷罐里的药汁倒进罐子里："我在帮楼下的奶奶熬中药。"

　　中药的味道真不好闻，阿U捏着鼻子正要溜，却被U妈叫住了："我给奶奶送药去，你帮忙收拾一下厨房。"说完，她就拎着罐子离开了。

唉，一回家就被逮住干活。不过，既然老妈都开口了，那就动手干吧。

U妈送完药回来，发现阿U已经在门口迎接她了。

阿U邀功似的指着地上的垃圾袋，说："老妈，我把厨房收拾好了，还顺带把垃圾分类了。你看，这是厨余垃圾，这是有害垃圾……"

"等会儿，"U妈觉得奇怪，"你收拾个厨房，哪里来的有害垃圾？"

她打开袋子一看，原来是刚才熬药的药渣。

U妈说："药渣也是厨余垃圾，不用分开装。"

阿U可不这么认为："中药不也是药吗？"废弃的药品，难道不是有害垃圾吗？

"一般的中药渣能够通过腐烂分解再利用，并不会对环境造成危害，所以是厨余垃圾。"

U妈一边说，一边把药渣往厨余垃圾里倒。

阿U忙说："那袋子里还有别的。"

"什么啊？"U妈刚问完，一只蟑螂就从袋子里掉了出来，吓了她一跳。

原来，老妈也很怕蟑螂。

阿U忙用袋子罩住蟑螂，说："蟑螂是害虫，它总算是有害垃圾吧？"

U妈有些无奈："害虫有很多，比如蝗虫、苍蝇、蚊子、蚜虫等等，难道我们要把它们全都放进有害垃圾桶进行处理吗？其实像蟑螂这样的害虫，应该属于厨余垃圾。"

阿U听了，不好意思地挠了挠头。

投放厨余垃圾时需要注意什么呢？

厨余垃圾，是指易腐烂、可降解的生活废弃物。它主要包括人们日常生活中和餐饮经营活动中产生的餐厨垃圾，如剩饭剩菜、过期食品、果皮果核、烂菜叶、碎骨、蛋壳等，其主要来源就是厨房和餐桌。除了这些餐厨垃圾，生活中枯萎的花卉绿植、泡茶后的茶叶、熬中药剩下的中药渣等，也属于厨余垃圾。

剩饭剩菜　　　　　　　　　　　　　过期食品

果皮果核　　　　　　枯萎的花卉绿植　　　　　　中药渣

扔厨余垃圾时可马虎不得，要注意把垃圾袋和厨余垃圾分开投放！

别忘了厨余垃圾的标志！

厨余垃圾
Food Waste

有些坚硬的果壳和果核，如榴莲壳等，不属于厨余垃圾哦！

我们为什么要收集厨余垃圾呢？

✓ 厨余垃圾易腐烂，不仅会滋生细菌，而且容易污染水源、破坏环境。

✓ 回收 1 吨厨余垃圾再生产后，可以获得 100 千克肥料。

✓ 回收厨余垃圾，并将它们进行发酵等处理，能获得天然气——沼气。

1 吨厨余垃圾   100 千克肥料

注意啦！虽然厨余垃圾可以转化为肥料，但是没有经过无害化处理的厨余垃圾，是不能直接用于肥料生产的，这样生产的肥料不仅不能用，还可能造成二次污染呢！而且，厨余垃圾也不能直接用于饲养畜禽和鱼类，否则会导致这些生物生病或对它们产生其他伤害。所以，我们最好是将家中的厨余垃圾按规定倒入厨余垃圾桶，剩下的事情就交给专业单位去处理吧！

阿U家"破产"了
——食材废料有哪些

这天，U妈买了一个西瓜。吃完西瓜，阿U正要把瓜皮往厨余垃圾桶里扔，却被U妈拦住了："哎，西瓜皮不要扔，可以留着炒菜。"

而后几天的餐桌上，除了西瓜皮做的菜，陆陆续续又出现了一些奇怪的东西：玉米须熬的汤、豆渣做的馒头、橘子皮煮的粥……这些东西，以前不都是被当成食材废料扔掉的吗？

U妈为什么突然变得这么节省了？

难道说……他们家破产了，爸爸妈妈不敢告诉他？

而后，看着冰箱里放着的柚子皮，窗台上晾着的鸡蛋壳，阿U更是坚定了这种想法。

周五晚上回到家，肚子饿得咕咕叫的阿U，迫不及待地问："老妈，今天吃什么啊？"

U妈正在阳台上晾衣服呢，随口回答："吃火锅。"

火锅，那可是阿U和U爸的最爱。阿U一眼就看见了桌子上的瓷盆子，他迫不及待地跑过去，想看看妈妈准备了什么下火锅的料。

然而，他只看见了一盆乱糟糟的土豆皮、黄瓜皮、冬瓜皮。

原来，他们家已经穷到这个地步了……

U妈一回到屋里，就看见阿U站在那儿，手里捧着一个储蓄罐。

"老妈,这是我攒的零花钱。"说着,他又从裤兜里掏出几块零钱,"这是这几天我放学后捡废品卖的钱,都给你!"

听说阿U以为家里破产了,U妈可笑坏了:"放心吧,我们家没破产。下火锅的料在厨房呢,那些土豆冬瓜皮是我攒起来做花肥的。"

阿U跑到厨房一看,各种洗净切好的蔬菜和肉,整整齐齐摆满了台子,晚上果然是顿大餐。阿U不明白了:"既然家里有钱,干吗那么节省,什么都舍不得扔?"

U妈说:"这可不都是为了节省,柚子皮可以清除冰箱里的异味,蛋壳处理一下是很好的肥料。食材废料不全是垃圾,好好利用也是宝贝哦!"

食材废料是厨余垃圾的主要组成部分，我们常见的食材废料都有哪些呢？

食材废料指的是食材在制作过程中没有被利用的食物"边角料"。

在我们的日常生活中，比较常见的食材废料有鸡蛋壳、蔬菜根、瓜果皮，以及豆子、水果榨汁后的渣。

鸡蛋壳

蔬菜根

瓜果皮

水果榨汁后的渣

食材废料不是真正的"废料"，它们当中有很多都是宝贝呢！

✓鸡蛋壳洗干净弄碎后放进花盆里，是很好的肥料。

✓把柚子皮放进冰箱，可以去除异味哦！

动动手：
变废为宝

　　要知道，厨余垃圾在垃圾中占很大比重，而食材废料又是厨余垃圾的主要组成部分，所以合理利用食材废料，对减少垃圾总量有很大的意义。

　　例如，橘子酸甜可口，大家都很喜欢吃。那么，剩下的橘子皮，同学们都是怎么处理的呢？如果直接扔掉，就太可惜了。因为橘子皮可是"宝贝"，在生活中有很多妙用哦！

把新鲜橘子皮折叠成双层后，挤捏着闻一闻，可以预防晕车。

用热水泡橘子皮来洗头，可以使头发变得光滑柔亮。

把橘子皮晒干后，切成丝泡茶喝，可以提神。

　　除了以上妙用，橘子皮还可以用来做成各种各样漂亮可爱的手工制品哦，比如玫瑰花、橘子茶杯、小橘灯等。

　　看起来是不是很漂亮，你动心了吗？快来动手做一做吧！

哪里来的那么多苍蝇?

——剩饭剩菜别乱倒

一大早,阿U家就热闹起来了,一家三口正手忙脚乱地把屋子里的苍蝇往外赶。

可是,苍蝇刚赶走,就又飞了回来,而且好像越来越多。

U妈很奇怪:"哪儿来的这么多苍蝇?"

阿U想了想,说:"会不会咱家有一个苍蝇窝呢?"

这话倒是提醒了U爸,他连忙跑进厨房:"难道是昨天忘记倒厨余垃圾了?"

可是,厨余垃圾桶干干净净的,一只苍蝇都没有。

接下来,U爸和U妈又把房间里各个角落都找了一遍,但是找了半天,谁都没有找到苍蝇窝。

U爸挠挠头,说:"会不会是小区里的卫生没做好,才会有这么多苍蝇?"

就在这时,阿U吸了吸鼻子,说:"怎么有股臭味?"

U爸U妈也闻到了,这股味道好像是从阳台飘来的。

他们一来到阳台,就看到一大群苍蝇围着花盆嗡嗡嗡地转——原来苍蝇窝在这里啊!

可是,苍蝇为什么突然对这些花感兴趣了呢?

U爸仔细一检查，看到花盆里堆着一些剩饭剩菜。

U爸很奇怪："谁把剩菜剩饭倒在花盆里了？"

阿U不好意思地举起了手。

原来，最近家里实行光盘行动，每个人都要把自己的饭菜吃光。可是，每次U妈总是把饭菜盛得太满，阿U根本吃不完。有几次阿U实在吃不下，就偷偷把剩饭剩菜倒进了花盆里。

U爸哭笑不得地说："阿U，虽然剩菜剩饭能降解，但也不能直接倒在花盆里。看，它们腐烂发臭后，多招苍蝇啊！"

不过，U妈倒是没有批评阿U，而是进行了自我反思："看来，光盘行动也要从实际出发，以后，你能吃多少就盛多少。"

阿U一听，开心地蹦了起来："妈妈万岁！"

"先别高兴太早，"U妈递过来一个垃圾袋说，"阿U同学，这些垃圾还是要麻烦你清理一下哦！"

阿U顿时像泄了气的皮球，要知道，这些剩饭剩菜散发出的味道实在是太臭啦！

剩饭剩菜属于什么垃圾？

剩饭剩菜可是最"正宗"的厨余垃圾哦，不过除了吃不完的饭菜，它其实还包括吃剩下的各种骨头、剥下来的虾蟹壳等。

吃剩的饭菜

骨头

虾壳、蟹壳

注意了，并不是所有的剩饭剩菜都属于厨余垃圾。

在杭州的垃圾分类规定中，猪、牛等的大骨头属于其他垃圾，鸡、鸭等的小骨头属于厨余垃圾，因为大骨头不容易腐烂。

另外，平时的剩饭剩菜，虽然是可降解的厨余垃圾，却不能乱扔乱倒，否则不仅污染生活环境，还容易滋生蚊蝇，继而对人体产生危害。

所以，我们应该提倡"光盘行动"，在家吃多少做多少，在饭店吃多少点多少，尽量不留剩饭剩菜，这样既可以节约资源，也从源头减少了垃圾的产生。

动动手：
变废为宝

参考下面的步骤，和爸爸妈妈一起用果皮种花吧！

1 准备好种子、泥土、一次性手套、花盆、喷水壶和吃剩下的水果皮。

2 把水果皮撕碎，或者用剪刀剪开，越碎越好。使用剪刀时，可以请爸爸妈妈帮忙哦！

3 把水果皮和泥土混合均匀，放进花盆里。

4 把植物种子放进泥土里，浇适量的水，再放在阳光下。

耐心等待一段时间，种子就会发芽啦！

都是香蕉皮惹的祸
——瓜皮果壳别乱丢

周末,阿U和小伙伴们约好在公园的操场上踢球。

等到了约定时间,小伙伴们都集合完毕,冬冬却姗姗来迟。他一边走一边吃着香蕉,看起来很悠闲的样子。

阿U不满地催促道:"冬冬,快点,大家都等着你呢!"

"来了,来了!"

冬冬连忙囫囵一口,把剩下的香蕉全吞完,拿着香蕉皮环顾四周。

糟糕,最近的垃圾桶好像在公园那一头,走过去还得好几分钟呢!

冬冬灵机一动,顺手一甩,将香蕉皮扔在了草地上,心想:"香蕉皮能降解,正好给草地当肥料!"

这时,阿U又催促道:"冬冬,好了没?"

冬冬赶紧跑了过去,也没再去想香蕉皮的事。

踢了一会儿球,意外发生了。球不小心滚出了操场,冬冬连忙穿过一片草地去追球,追着追着,脚下一滑,竟摔了一个大跟头,害他从草地直接滑倒在路上。

冬冬疼得"哎哟"大叫一声,阿U连忙跑过来扶起他,问:"没事吧,冬冬?"

冬冬摸摸屁股，扭头一看，害他摔跤的竟然是一块香蕉皮。

冬冬忍不住责备道："谁扔的香蕉皮？太没公德心了！"

这时，小伙伴们都围了上来，也七嘴八舌地附和说："没错，太过分了！"

冬冬突然安静了下来，因为他感觉无论这块香蕉皮还是这块草地，都有点眼熟。等等，这不就是他自己刚刚扔的香蕉皮吗？

冬冬忍不住脱口而出："我竟然……"

"竟然什么？"阿U忙问。

冬冬连忙改口说："我竟然被这块小香蕉皮绊倒了，真倒霉！"

阿美同情地说："确实有点倒霉！"

冬冬连忙捡起香蕉皮，小伙伴们都很疑惑地看着他。

冬冬心虚地说："我……我去把它扔掉，免得再让别人滑倒。"

"冬冬，好样的！"阿美竖起大拇指夸道。

小伙伴的夸奖反而令冬冬的脸红到了耳根，他赶紧一路小跑，来到厨余垃圾桶前，郑重地把香蕉皮丢了进去。

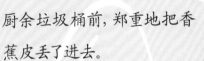

瓜皮果壳都是厨余垃圾吗？

说起瓜皮果壳，大家一定都很熟悉，比如西瓜皮、香蕉皮、苹果皮和花生壳等等。那么，瓜皮果壳等垃圾能用来做什么呢？

✓容易腐烂的瓜皮果壳经过转化，可以转化为肥料，为农作物提供养料。

✓一部分瓜皮果壳可以转化为饲料，用来饲养家畜。

✓作为厨余垃圾的一部分，经过处理，可以作为汽车等交通工具的燃料。据估算，5千克厨余垃圾转化成的燃料，可以供一辆私家车行驶大约10千米。

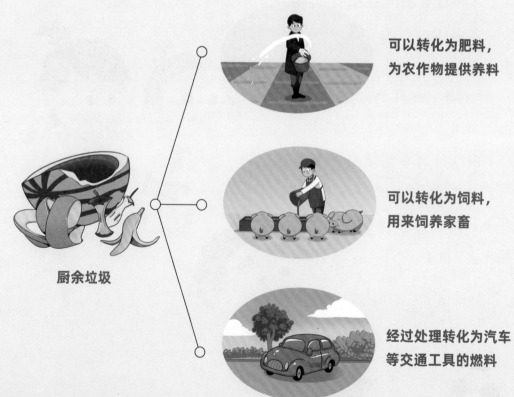

厨余垃圾

可以转化为肥料，为农作物提供养料

可以转化为饲料，用来饲养家畜

经过处理转化为汽车等交通工具的燃料

是不是所有的瓜皮果壳，都属于厨余垃圾呢？

在生活中，大部分瓜皮果壳都属于厨余垃圾，但也有小部分属于其他垃圾，像核桃壳、榴莲壳、椰子壳、甘蔗皮这类坚硬、难以降解的果壳，都要投入其他垃圾桶。

如果将坚硬的果壳投入厨余垃圾桶，处理时会有损机器，所以必须把它们投放到其他垃圾桶。

有些水果的果皮有妙用，和阿U一起动动手，变废为宝！

1. 将橙子或柠檬的果皮，放入密封的玻璃容器中。

2. 倒入白醋，盖好盖子密封。

3. 在阴凉的地方放置一个星期，然后把果皮取出来，将液体倒入喷壶中使用。

好啦，一款果皮清洁剂就制作好了。怎么样，是不是很心动？快跟着一起动手做吧！

U爸的烦恼

阿U的小秘密
——过期食品要注意

这天，U爸来到书柜前，想要拿本书看。没想到，阿U飞快地跑了过来，站到书柜前，伸开双臂大喊："老爸，你要干什么？"

U爸一头雾水："我来找书看啊！"

"不行，现在不准看书！"阿U说得很严肃。

这就奇怪了，今天是什么特殊日子吗？不准看书节？

看着阿U严肃的表情，U爸只好转身离开。

接下来好几天，阿U就像个小士兵一样，时刻在书柜前巡逻，不让U爸靠近。

可是，U爸发现，U妈去书柜的时候，阿U一点也没有阻拦的意思。

U爸不服气了："为什么妈妈可以拿书看，我就不行？"

U妈和阿U相视一笑，异口同声地说："这——是个秘密！"

秘密？什么秘密？U爸越来越好奇。

又过了一天，U爸下班回家，刚进门，就被一记鼓声吓了一跳，接着，阿U跳出来喊道："老爸，生日快乐！"

原来，今天是U爸的生日啊！

接着，阿U又从书柜里拿出了一袋东西，看来它就是那个"秘密"。

原来，为了庆祝U爸的生日，阿U在U妈的帮助下亲手做了饼干，

想给 U 爸一个惊喜，所以才把它藏了起来。

　　U 爸很感动，这可是阿 U 的一片孝心啊！U 爸迫不及待地打开盒子，掏出一块塞进嘴里，品尝起来。可 U 爸品尝到的不是饼干的香气，而是一股奇怪的味道——想不到，饼干已经过期了！

　　阿 U 难过极了，拿起饼干就准备把它丢进有害垃圾桶里。

　　U 爸急忙提醒他："过期食品能腐烂分解，所以它是厨余垃圾哦！"

　　阿 U 一听，又转向把饼干丢进厨余垃圾桶。

　　U 爸又连忙叫住他："等等！"

　　阿 U 疑惑地看着 U 爸，U 爸从阿 U 手里拿过饼干盒子，把里面的饼干倒进厨余垃圾桶，再把塑料包装盒丢进了其他垃圾桶。这下，垃圾算是丢正确了！

　　看着阿 U 难过的样子，U 爸安慰他说："没关系，下次再做给我吃吧！"

　　没想到，阿 U 伤心的不是这个："我自己做的饼干，我自己都还没尝过呢！"

过期食品属于什么垃圾？

一些超过保质期的食品，就是我们说的过期食品。过期食品容易腐烂，属于厨余垃圾。它包括烂了的水果，发霉的面包，过了保质期的罐头、零食，等等。

食用过期食品对人体有危害，但过期食品通过腐烂、粉碎、分解等处理，就能制成肥料或者沼气，转化为资源。

发霉的面包

烂水果

过期罐头、零食

过期食品不能食用，要被扔掉，那么，过期食品的包装应该怎么处理呢？

注意，过期食品的外包装可不是厨余垃圾！

正确的丢垃圾方法是：拆开过期食品包装，把食品丢进厨余垃圾桶，把包装丢进其他垃圾桶。

其他垃圾

厨余垃圾

口香糖不属于厨余垃圾哦。因为它属于胶制品，难以腐烂分解，所以，它属于其他垃圾！

U 妈的水果罐头过期了,你知道应该怎么把它丢掉吗?

A. 全部丢进有害垃圾桶

B. 把过期食物倒进厨余垃圾桶,把罐头瓶洗干净丢进可回收物桶

C. 全部丢进厨余垃圾桶

答案: B. 应把过期的食物倒进垃圾,洗士净的罐头瓶丢进可回收物。

公园里的奇怪胡子大叔

——植物残叶用处多

阿U发现，最近几天，小区里出现了一位陌生的胡子大叔。

这位胡子大叔穿着一件破旧的蓝色中山装，背着一个大黑袋子，怀里还揣着一把铁锹，一会儿这里看看，一会儿那边瞅瞅，形迹十分可疑。

阿U暗地里观察了他好几天，越看越觉得不对劲，于是就向小区里的保安叔叔汇报了情况。保安叔叔一听，连忙让阿U带着他去"侦察"。

很快，阿U就在一棵大树底下发现了目标：胡子大叔正拿着铁锹在树下挖坑，然后又从大黑口袋里拿出什么往坑里埋。

保安叔叔大喊一声："不许动！"

这一声可把胡子大叔给吓着了，他手里的铁锹，都握不稳了。

可当胡子大叔转过头来的时候，保安叔叔却脱口而出："老张？"

什么？保安叔叔居然和胡子大叔认识。

阿U正诧异呢，保安叔叔却笑着说："阿U，你误会了，这位叔叔可不是什么坏人，而是咱们小区的劳动模范。"

阿U不解地指着黑口袋问："那你为什么要每天背着一个大黑袋子呢？"

胡子大叔听了，笑呵呵地把袋子解开："你看，里面装的是什么？"

　　阿U凑上去一看,里面居然全部都是落叶。可是,大叔为什么又要挖坑把它们埋起来呢?

　　胡子大叔解释说:"树叶落到地上,就变成了厨余垃圾。我们再把它们埋到树下,不仅环保,而且到了来年,就会变成黑乎乎的好肥料,拿来种什么都可以长得很好哦!"

　　误会解开了,阿U向胡子大叔道了歉。不过,胡子大叔并没有责怪他的意思,反而露出了憨厚的笑容:"嘿嘿,没关系,没关系!"

　　看着胡子大叔给树"施肥",阿U对这种新奇的"肥料"产生了兴趣,也想试着做一做。

　　胡子大叔说:"其实,家里种的花卉植物的残枝落叶,也都是厨余垃圾,也能够拿来做成肥料。"

　　阿U一听,连忙就往家跑,他等不及要一展身手呢!

植物的残枝落叶属于厨余垃圾吗？

　　植物的残枝落叶与剩饭剩菜、碎小骨头、菜根菜叶、瓜皮果壳等一样，都含有极高的水分和有机物，很容易腐败，进行降解，所以，它们也属于厨余垃圾。同样，经过生物技术处理后，植物的残枝落叶也可以变成有机肥料。

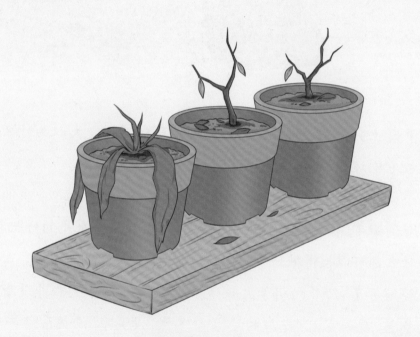

植物的残枝落叶

　　"落红不是无情物，化作春泥更护花。"这句诗直接点明了落叶之类的厨余垃圾的用处。

动动手:
变废为宝

秋季到来时，落叶纷纷。除了给人们带来美景，落叶还可以作为土壤增肥的好助手。下面我们就动动手，利用落叶来种植我们喜欢的植物吧。

要准备的工具有：

| 落叶 | 空花盆 | 小铁锹 | 土壤 |

具体方法：

在空花盆的底层铺满落叶，再盖上一层土，把它放在阳台上。静静等待几个月后，这些落叶就会变成黑乎乎的肥料。到时候，我们就可以用它来种我们想种的任何植物啦！

注意事项：

1. 为了让植物残叶腐烂得快一点，可以将它们捣碎一点再放进花盆里。

2. 选择湿润一些的泥土，更容易成功。

3. 如果想让土壤的营养更好，也可以在花盆里埋一些烂菜叶、果皮等。

野餐

第三章　可回收物
——回收利用就是宝

奇异事件？易拉罐不见了
——可回收物总介绍

星期天，阿美和冬冬到阿U家玩，阿U拿出可乐招待他们。阿U很快就喝完了，笑嘻嘻地说："我给你们表演个绝技！"说完，他轻轻一掷，易拉罐稳稳地落进了垃圾桶里。

"好厉害！"冬冬和阿美赞叹道。

阿U得意极了，又拉着他们进房间去看他新做的模型。

过了一会儿，阿U出来到客厅里喝水。突然，他有一个重大发现！

他赶紧跑回房间，轻声说道："有奇异事件！"

冬冬吓得从椅子上弹了起来："什么奇异事件？"

"那儿！"阿U指着客厅里的垃圾桶。

"垃圾桶怎么了？"阿美紧张地问。

阿U慌张地说："我扔的易拉罐不见了！"

"也许是你爸妈把垃圾扔了呢。"冬冬猜测道。

阿U摇摇头，说："其他垃圾都在，只有易拉罐不见了！"

这就很奇怪了！

难道真的有奇异事件？

就在这时，传来咔嗒一声。

又有什么奇异的事要发生？三人惊得心都提到了嗓子眼。

门开了，U妈走了进来。

三人顿时松了一口气，然后七嘴八舌地向U妈讲述了"垃圾桶里的空易拉罐莫名消失的奇异事件"。

U妈听了，笑着说："别慌，易拉罐是刚刚被我收走了。"

三人愣住了，U妈为什么要拿走易拉罐呢？

U妈解释道："易拉罐是可回收物，收了用处很大。我刚回来看到，顺手就拿下去了。"

原来是这样！

U妈笑着说："像废弃的塑料、纸张、金属、纺织品，都是可回收物。"

阿U一听，做好事怎么能少了他。于是，他立刻跑进厨房，看到空塑料瓶，回收了；看到旧抹布，回收了；看到锅坏了，也想把它回收了。

U妈见了，哭笑不得地说："锅只是把手坏了，修一修还能用。"

大家一听，都看着阿U笑了。

什么是可回收物？
投放时需要注意什么呢？

可回收物，指未经污染、适宜循环回收、可资源利用的生活废弃物，主要包括废纸、废塑料、废玻璃、废金属和废旧纺织品五大类。

废纸　　　　废塑料　　　　废玻璃　　　　废金属　　　废旧纺织品

扔可回收物可马虎不得，下面几点要注意哦。

√扔可回收物时，要注意保持物品清洁和干燥。

√一些立体的包装，要把里面的东西清空，清洁和压扁后再去扔。

√对于容易破损或带有尖锐边角的废弃物，最好是包好后再扔。

别忘了可回收物的标志！

下面具体看一下可回收物都包含些什么吧！

废纸

报纸　纸箱
书本　纸袋　牛奶盒
广告纸　信封

废塑料

塑料瓶　食用油油桶
乳液罐　食品保鲜盒
泡沫塑料　玩具

注意！这些废弃物都还有用哦，不要当作其他垃圾丢掉！

废金属

刀　刀片　指甲刀
锅　易拉罐

废旧纺织品

包　毛绒玩具　皮鞋
枕头床单　衣服

废玻璃

玻璃瓶　玻璃杯　玻璃窗

其他废弃物

插座　电线　电路板
木积木　木砧板

我们为什么要回收上面列举的这些废弃物呢？

因为通过对可回收物的综合处理和再利用，可以降低污染，节约资源。看看下面的数据，就明白啦！

✓回收 1 吨废纸，能制造出 700 千克好纸，这可以节省不少木材！

✓回收 1 吨塑料瓶再生产后，能重获 700 千克二级原料。回收 1 吨废塑料，可回炼 600 千克的无铅汽油和柴油。

✓回收 1 吨废钢铁，可以炼出 900 千克的好钢。比起用矿产冶炼钢，这可以大大降低污染和缩减成本！回收 1 吨易拉罐，可以少开采 20 吨铝矿。

✓回收 1 吨废玻璃，可以生产出 1 块篮球场面积大的平板玻璃。

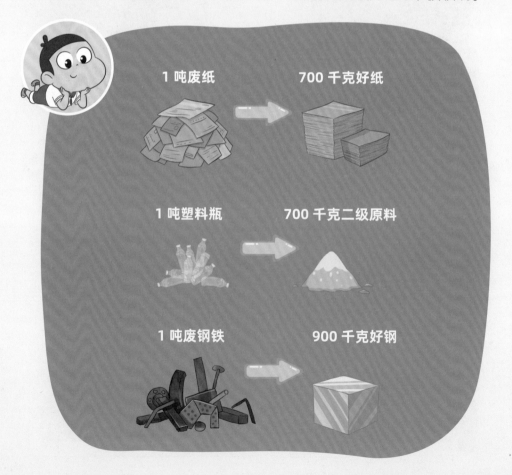

1 吨废纸　　　　700 千克好纸

1 吨塑料瓶　　　700 千克二级原料

1 吨废钢铁　　　900 千克好钢

测一测：
你知道怎么做吗？

阿U拿牛奶来招待冬冬和阿美，结果阿美发现，阿U家的牛奶竟然过期了。请问，过期的牛奶该怎么处理呢？

A. 将牛奶倒入下水口，将牛奶盒洗干净后扔进可回收物桶

B. 将牛奶连盒子一起直接扔进厨余垃圾桶

C. 将牛奶倒入厨余垃圾桶，将牛奶盒扔进可回收物桶

答案：A. 牛奶盒属于可回收物品，但要倒掉里面的牛奶，洗净后才能扔哦。

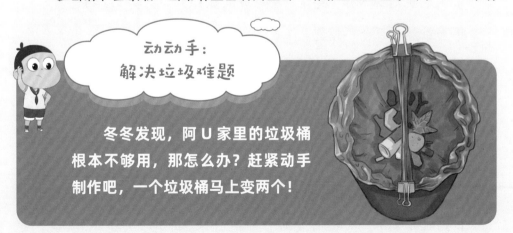

动动手：
解决垃圾难题

冬冬发现，阿U家里的垃圾桶根本不够用，那怎么办？赶紧动手制作吧，一个垃圾桶马上变两个！

57

扔不掉的快递纸箱
——纸类垃圾是个宝

今天,阿U家进行大扫除,U妈扫地,阿U擦桌子,U爸收拾旧物品。本来一切进行得很顺利,可阿U发现不对劲。

因为U爸突然不见了!

这时,储藏室里传来一声奇怪的响动。

阿U急忙跳过去,眼前是一个浑身沾满了尘土的"灰人",正是U爸,手里还抱着一摞旧书。

原来,这是U爸当年最喜欢的漫画书,今天终于重见天日了。

可阿U越翻看,眉头皱得越厉害:"老爸,这书还能看吗? 都被虫子蛀成这样了。"

U妈也走过来说:"没错,这些书破破烂烂的,要扔掉了。"

U爸虽然一百个不情愿,但也只能同意。

这时,门铃响了,U妈的快递到了。

就在U妈美滋滋地拆快递的时候,U爸冲她说:"快拆,正好一起扔掉!"

U妈表情骤变。

U爸急忙解释说:"我说的是这些快递纸箱,要一起扔掉。"

U妈收拾好快递,把旧漫画书都抱过来,扔进了快递纸箱,说:"这些漫画书和快递纸箱都是可回收物,一起扔掉回收吧。"

在U爸哀怨的眼神中,阿U抱着纸箱去扔垃圾了。

可很快,U爸又高兴起来,因为他看到阿U又把纸箱抱了回来。

"儿子,还是你懂老爸!"U爸激动地打开纸箱,可漫画书已不在了。

这是怎么回事?

阿U解释说:"书可以扔,可这纸箱还不能扔。"

"什么?"U爸震惊不已,难道这普通的快递纸箱比他的书还有留着的价值吗?

阿U一边清除纸箱上的胶带,一边说:"保洁阿姨说了,胶带属于其他垃圾,必须清理下来,才能把纸箱扔进可回收物桶中。"

阿U眨眨眼,又说:"老爸,下周我生日,你可以买这套漫画书的最新版送给我吗?我想看。"

"好主意!"U爸心领神会地点点头,愉快地和阿U一起清理起快递纸箱上的胶带。

纸类可回收物有哪些？
回收时要注意什么呢？

除了快递纸箱和废旧书刊，纸类可回收物还有哪些？

纸类可回收物，一般被称作废纸。除了用过的快递纸箱和废旧书刊，还包括废报纸、废包装用纸、废办公用纸、废广告页等。

旧书本

废报纸

废包装用纸

废纸

废广告页

废办公用纸

废快递纸箱

我们用过的纸巾和厕所卫生纸不能算作纸类可回收物，因为它们已经被污染，且水溶性太强了，遇水就化，很难回收。

我们在扔纸质废品时，有什么需要注意的呢？

最基本的原则是干湿分离，并且把纸质废品与塑料、金属等其他材质的废弃物分开。

✓先去掉书刊塑胶包覆的封面、外封套，笔记本的塑料线圈、订书针等，然后将其铺平，再将回收纸张分类整理好。而对于纸箱，要单独把上面的胶带撕下来之后才能回收，因为胶带是纸箱回收的一大难点。

✓如果是装饮料、乳制品、饮用水等的复合纸材质的包装，那我们就要去除吸管，倒空内容物，尽可能压扁并单独放置，切勿与其他回收纸混放。

我主要由铝箔、塑料薄膜和优质纸浆复合而成，我虽然能抵抗紫外线和细菌的侵入，但却非常难分解，所以要把我单独放置，这样才能更好地被回收利用哦！

除了用过的纸巾、厕所卫生纸不能回收外，一些成分复杂的纸，如标签纸、复写纸等，**也不可回收**。另外，一次性杯、方便面杯等，因为经过防水处理，它们的表面覆了一层薄膜，回收的时候不易和纸分离，所以**也不属于可回收物哦！**

一箱饮料引发的"邂逅"
——塑料垃圾大回收

这天，阿U和小伙伴们踢完球，热得满头大汗。于是，他买了一瓶饮料，边喝边往家的方向走去。

突然，路边的一个大哥哥引起了他的注意。

大哥哥背对着阿U，蹲在地上，身体一边放着一箱拆开的饮料，另一边放着几个空的饮料瓶子。

阿U觉得奇怪，他怎么一个人在这里喝这么多饮料呢？

于是，阿U又往前走了几步，这才看明白。原来，这个大哥哥并没有在喝饮料，而是正把饮料一瓶瓶往下水管道里倒呢！

很快，他身边的空塑料瓶就越来越多了。

阿U诧异地张大了嘴巴。平时，U爸一直教育他要节俭，可是面前这个大哥哥居然如此浪费，于是他忍不住大喊一声："停！"

大哥哥闻声转过头，然后挥手说道："你好啊，阿U！"

"咦，他怎么知道我的名字呢？"

阿U心想，再仔细一瞧，这不是自己刚刚买饮料的超市老板吗？

阿U好奇地问："你为什么要把这些饮料倒掉呢？"

大哥哥叹了口气，解释道："因为这些饮料已经过期了，不能卖给别人，只能处理掉。饮料倒空以后，这些塑料瓶就可以回收了！"

阿U恍然大悟："原来是这样！"

看来，这位超市老板可真是一位良心商家啊！

"那我来帮你吧！"

接下来，阿U就帮着他一起把饮料倒进了下水道，再把空瓶子全都扔进了边上的可回收物桶里。

就在这时，阿U看着自己空荡荡的双手，突然反应过来："咦，我刚买的饮料哪里去了？"

原来，阿U把自己的饮料也当成过期饮料一起倒掉了。

大哥哥见了，笑着安慰他说："没关系，跟我走，我请你再喝一瓶。"

说着，他就带着阿U往超市的方向走去。

常见的塑料可回收物有哪些？
它们是如何被回收利用的呢？

如果仔细观察，生活中的塑料制品无处不在，它们可以是饮料瓶、水桶、乳液罐、收纳箱、一次性餐盒等等。这些塑料制品被丢弃后，就变成了塑料垃圾。因为塑料用作包装材料的颜色多为白色，因此，塑料垃圾又被称为"白色污染"。塑料垃圾十分难降解，不仅影响环境的美观，而且所含成分还具有潜在的危害性。

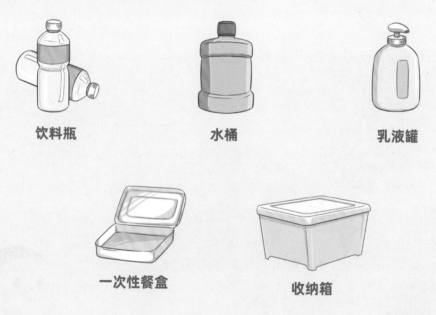

饮料瓶　　　　　　　水桶　　　　　　　乳液罐

一次性餐盒　　　　　收纳箱

注意，只有将一次性餐盒清洗干净后，才能将它扔进可回收物桶哦！

被送到回收厂的塑料瓶，是怎么被处理的呢？

不同的塑料瓶，甚至同一个塑料瓶，其不同的组成部分也可能用到不同种类的塑料，所以回收前期需要用到复杂的分离工艺，先将同类塑料归在一起。

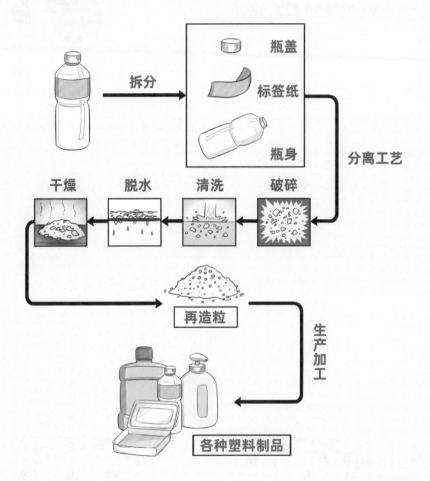

注意，塑料瓶内如果有剩余物，是不能被直接回收利用的。所以，我们平时要养成随手清空塑料瓶的习惯，这样就可以**大大提高回收效率**了。

公园里真的有宝藏？

——玻璃垃圾大揭秘

阿U最近迷上了一本寻宝小说，也想要玩一次寻宝游戏。于是，他在楼下的公园里藏了一样东西，还像模像样地画了一张藏宝图，然后叫来冬冬，让他按图寻宝。

冬冬拿着藏宝图没走两步，突然高兴地举起一颗珠子大喊："找到啦！"

阿U却摇摇头："我藏的是陀螺，不是这个啊！"

"等等！"阿U突然皱起了眉头，"这个东西……好像是……钻石！"

难道说，公园里有宝藏？

阿U兴奋极了，连忙让冬冬带自己去发现钻石的地方察看。半路上，他们又看到草丛里有东西在闪闪发亮，捡起来一看，又是一颗钻石！

两人一路走一路找，不一会儿，就捡了好多呢。

阿U终于觉得有些不对劲了："这里怎么会有那么多钻石？"

这时，身后传来一个闷闷的声音："同学，我刚才就注意到你们了。"

两人转头一看，发现是一个又高又壮的大叔，手里还提着个塑料袋。

大叔把塑料袋递过来："把你们捡的东西放进来吧。"

糟糕，是来抢东西的！

阿U和冬冬正准备撒腿就跑，却又听他说："谢谢你们啊！"

啊？阿U和冬冬有点迷糊了，两人往大叔的塑料袋里一看，里面有好多钻石，不禁一齐叫起来："原来钻石是您丢的？"

没想到大叔却哈哈大笑，说："这可不是钻石。"

原来，大叔家的玻璃吊灯坏了。他去扔的时候，垃圾袋破了个洞，玻璃珠子就掉了一路。

没寻到宝藏，阿U和冬冬有些泄气。"不过，可以趁机做一件好事啊！"阿U这样想，就捧着玻璃珠子要往可回收物桶里扔。

"等等，不能这么扔！"大叔急忙叫住他。

难道是弄错垃圾桶了？可阿U明明记得，玻璃是可回收物啊！

"放袋子里一起扔，"大叔解释说，"玻璃容易碎，弄伤人，扔的时候最好用袋子或者箱子装起来。"

阿U这才恍然大悟。等帮助大叔处理完玻璃珠子，冬冬突然想起来："阿U，你藏的陀螺呢？"

不过，令阿U犯难的是，他自己画的藏宝图太复杂，他也找不到陀螺藏在哪儿了。

生活中的玻璃制品有哪些？
回收时，需要再分类吗？

玻璃是一种很常见的非金属，常被用作器皿、装饰品或建筑材料。
生活中，常见的玻璃制品有：

玻璃水杯　　玻璃瓶　　　玻璃鱼缸　　　玻璃花瓶　　　玻璃窗户

废旧玻璃制品是可回收的，我们应该怎么处理呢？

√应该先将玻璃制品冲洗干净，再放进可回收物桶里。

√注意！扔废旧玻璃制品时要轻拿轻放。破损或者边角锋利的玻璃，
应该用报纸之类的包裹起来再扔，最好能写一些提醒标注。

√不同颜色的玻璃投入熔炉中，会影响炼制的效果，所以，回收来的碎玻璃在加工利用之前，最好根据颜色通过人工或机器进行二次挑选分类。

动动手：
变废为宝

动动手，可以将废弃玻璃瓶秒变成漂亮的装饰花瓶哦！需要准备的材料有：

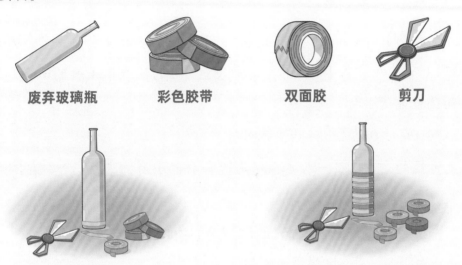

废弃玻璃瓶　　　　彩色胶带　　　　双面胶　　　　剪刀

1　在玻璃瓶底部的位置，粘上一小段双面胶。

2　将双面胶的胶纸扯掉，然后将蓝色的彩色胶带在上面粘一圈。再在蓝色胶带上面一点的位置，粘上一圈粉色胶带。再在粉色胶带上面一点的位置，粘上一圈黄色胶带。

完成啦！

3　以此类推，直到粘满整个玻璃瓶身。完工了，可以在瓶中放上一束干花装饰一下。

人狗"大战"
——金属垃圾不丢弃

今天，阿U和U爸"全副武装"：阿U一手拿着磨牙棒，一手端着狗粮；U爸左手拿着小球，右手拿着飞盘。他们带着春风般的微笑，温柔和蔼地靠近小白。

"小白，吃饭啦！"阿U柔声叫着。

奇怪的是，平常一见食物就几近癫狂的小白却直往后退，表情看起来还有点害怕。

U爸一看，晃着小球和飞盘说："来，我们玩游戏。"

小白眼睛一亮，就要被吸引过去，可它突然像是想起了什么，紧张地往后退了几步。

"软的不行，只能来硬的了。"U爸把手上的东西一扔，大步上前，一把按住了小白。

阿U一看，赶紧加入"战局"。

他们这是要干吗？

紧接着，U爸掏出了一把指甲刀。

原来，是要给小白剪指甲啊！

不过，小白好像很害怕剪指甲，用尽全身力气扑腾，竟然冲破了阿U的限制，直接扑向U爸。U爸一个趔趄，指甲刀甩了出去。由于力道太大，指甲刀直接被摔坏了。

"想不到小白这么生猛！"U爸惊叹道。

阿U捡起指甲刀，郁闷地说："爸爸，别夸小白了，指甲刀都坏了。"说着，他把指甲刀往有害垃圾桶扔去。

"等一下！"U爸喊道，"你扔错了，指甲刀是可回收物。"

U爸指着蓝色垃圾桶。

阿U觉得奇怪："指甲刀有'刀'，不是危险品吗？应该是有害垃圾才对吧？"

"它是金属，像菜刀、螺丝刀，这些金属类的废弃物都是可回收物。"U爸打开抽屉说，"好好使用这些'刀'，不危险也不可怕。"

"可小白却怕得连指甲都不敢剪。"阿U指着小白，"胆小鬼！"

"多剪就习惯了。"U爸笑眯眯地拿出一样东西，"没了指甲刀，还有这个。"

阿U一看，U爸手上赫然拿着一把剪刀。

小白本来已经放下了心，此刻见了剪刀，吓得汪的一声，撒腿就跑。

U爸和阿U连忙追了上去，人狗"大战"又开始了。

废金属指的是哪些东西？
我们为什么要回收它们呢？

被使用完之后，暂时失去了使用价值的金属，就是废金属。下面来看一看生活中有哪些废金属制品吧。

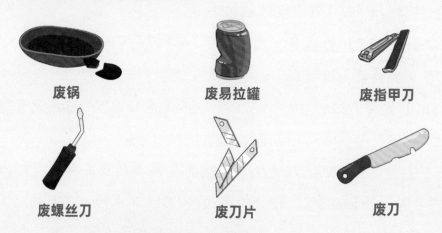

废锅　　　　　　　废易拉罐　　　　　　废指甲刀

废螺丝刀　　　　　废刀片　　　　　　　废刀

为什么要把废金属回收起来呢？

✔首先，可以节约资金和矿产资源。前面我们提到过，回收 1 吨废钢铁，可以炼出 900 千克好钢。跟利用矿产冶炼相比，可以节约近一半的成本。同样，回收 1 个废弃的易拉罐，要比制造 1 个新易拉罐节省不少资金和能源。

1 吨废钢　　　　　　900 千克好钢　　　　节约成本 47%

节省资金 20%

节省能源 90% ~ 97%

✓其次，废金属中通常含有有害物质，会对环境造成污染。例如剧毒元素金属汞，如果渗透出来，会对土壤和地下水造成很大的危害，进而威胁到我们的健康。所以，回收废金属，可以保护我们的环境和我们自己。

动动手：
变废为宝

母亲节到了，阿U想送U妈一盆绿植，可家里的花盆不够，怎么办？动手做一个吧！

易拉罐大变身：用剪刀将易拉罐剪出图中的形状就可以了，是不是很简单！剪的时候要注意安全哦。

生活中废弃的小家电也是可回收物，像家里的电水壶、电风扇和台灯等，都是可以回收利用的哦！

阿U，衣服扔错地方了
——废旧织物再利用

　　放学回到家，一边吃东西一边看电视，这可真是一件惬意的事情啊！这会儿，阿U正懒洋洋地坐在沙发上，一边喝果汁，一边看搞笑的电视剧，乐得咯咯直笑。

　　小白在边上汪汪直叫，显然，它对阿U手里的果汁非常感兴趣，一直扑腾着想要喝上一口。

　　"小白，这不能给你喝。"阿U摸摸小狗的脑袋表示安慰。但小白突然蹿到沙发上，撞翻了他手里的瓶子，果汁哗啦一声全洒在了边上放着的U爸的衣服上。

　　糟糕，这下闯祸了！

　　阿U本想赶在U爸回来之前把衣服洗干净，但还没出客厅呢，就听见门外传来U爸的声音："我回来啦！"

　　情急之下，阿U连忙把衣服一团，塞进了离自己最近的垃圾桶里，然后，他假装很认真地看起电视来。

　　谁知，U爸一走进客厅，就严肃地说："阿U，你知道你做错什么了吗？"

　　不会吧，这么快就被发现了？

　　阿U正要认错，哪知U爸接着说："垃圾要分类，你又忘记了。"

原来不是衣服的事啊！阿U刚松了一口气，却看见U爸指着垃圾桶里的衣服说："比如说这件衣服，是可回收物，应该放进小区的可回收物桶里，不能丢在这个其他垃圾桶里。"

说着，他就要过去捡，阿U忙跑在他前面："我来，我来。"

阿U拿起衣服正要走，U爸却突然从他手里拿过衣服，一边比画一边说："像衣服这类布料织物，基本都能回收再利用，但如果被当成其他垃圾扔掉了，很可能被拿去填埋或者焚烧处理，既浪费又污染环境……"

突然，U爸觉出不对劲了："这和我那件限量版外套怎么那么像？但我的衣服前面没这么大一块……"

阿U急忙往自己房间里逃去。他觉得自己需要暂时躲一躲，等老爸接受了事实再来跟他道歉。

废旧纺织品都能被回收吗？
纺织品被回收利用有什么好处呢？

现在，随着人们生活水平的提高，以家庭为单位消费的纺织品总量越来越多，同时，被淘汰和废弃的数量也越来越多。那么，我们身边常见的纺织品都有哪些呢？

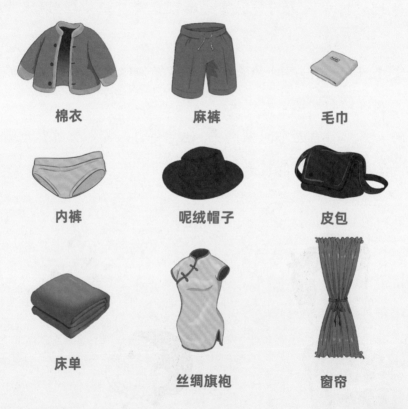

棉衣　　　　　　麻裤　　　　　　毛巾

内裤　　　　　　呢绒帽子　　　　皮包

床单　　　　　　丝绸旗袍　　　　窗帘

上图的纺织品中，棉、麻、呢绒等纺织品，被使用过后，都是可回收的布料哦！但是穿过的内衣、用过的旧毛巾，却不可回收，属于其他垃圾。

当一件衣服不再穿了，直接扔掉就太可惜了，要知道：

✓ 我国一年要生产 570 亿件衣服，其中大约 70% 最终会被送到垃圾填埋场处理。这可是非常庞大的数量啊！

✓ 跟厨余垃圾不一样，纺织品不能被大自然降解，如果被填埋，就会占用大量的土地。

✓ 大部分纺织品被焚烧处理后，都容易产生有毒有害气体，污染大气环境。

实际上，绝大多数的布料织物都是可以被回收利用的。据估算，回收 1 千克废旧纺织品，可以：

降低 3.6 千克
二氧化碳排放

节约 6000 升水

减少使用0.3千克化肥、
0.2 千克农药

在小区、公园等公共场所，我们会见到这样的旧衣物回收箱。家里如果有不用的衣服、鞋子、包包，可以整理干净投入旧衣物回收箱，以便回收再利用。另外，我们也可以将旧衣物留给家里或亲戚朋友家的弟弟妹妹穿哦！

78

第四章　有害垃圾
——有害垃圾要远离

过期口红闹乌龙
——有害垃圾有哪些

放学了，阿U一到家，小白就撒着欢扑了过去。一不小心，它踢翻垃圾桶，顿时将垃圾撒了一地。阿U赶紧跑过去收拾，收着收着，突然看到沙发底下躺着一支口红。

阿U想起早上听U妈说要买新口红，原来是因为口红掉这儿了，U妈没找到啊！阿U赶紧将口红捡回来，想着U妈一定很开心。

第二天，U妈化妆的时候，习惯性地拿起口红涂了涂。刚涂完，U妈就愣住了：这支口红哪里来的？她还没买啊，难道是U爸送的？

想到是U爸送的，U妈乐得笑了，拿起口红，又细细地涂了两下。

下午，阿U放学回到家时，看见U妈戴着口罩，一脸严肃地坐在沙发上。他问："妈妈，你怎么了？"

"等你爸爸回来。"U妈闷着声音说。

阿U还是觉得奇怪："妈妈，你在家里为什么戴着口罩？"

"还不是因为这支口红。"U妈指了指茶几上的口红，然后摘下了口罩。阿U一看，吓了一大跳：妈妈的嘴唇肿得像两只大烤肠！他赶紧飞扑了过去："妈妈，你这是怎么了！"

"别急别急，只是过敏了。"U妈安慰说，然后拿起口红，"你爸爸一定是买了假货了。"

阿U一看口红，惊讶地说："这是我昨天在沙发底下捡的啊！"

U妈愣住了，听阿U把昨天的事说了一遍，顿时恍然大悟：原来这支口红不是U爸送的，而是她扔掉的那一支，结果被小白一脚踢翻了垃圾桶后，又被阿U捡了回来。

阿U看了看口红，问道："妈妈，这支口红为什么让你过敏了呢？"

"我打开包装时发现，它过期了。"U妈说道，"过期口红是有害垃圾呢。"

阿U又被惊着了："这么小小一支口红，竟然是有害垃圾！"

U妈点头道："不止是口红，过期的化妆品都是有害垃圾。不仅用了对皮肤不好，而且随便丢弃还会危害环境。"

"妈妈，对不起！"阿U难过地说，"害你过敏了。"

U妈安慰说："没关系。也怪我，应该把它分好类再扔的。唉，我还以为是你爸送的呢！"

就在这时，U爸回来了，他看到U妈的嘴唇，也吓了一跳，听说没事才放下心来。然后，他递给U妈一个盒子。U妈一看，脸上顿时笑开了花。

阿U凑过去一看，哈哈，原来是一支新口红啊！

有害垃圾危害多多，那么到底什么是有害垃圾？它们应该怎么处理呢？

有害垃圾，是指会对人的身体健康或者自然环境造成直接或潜在危害的生活废弃物。生活中比较常见的有害垃圾有废电池、废灯管、废药品及其包装物、废油漆和溶剂及其包装物、过期化妆品等。

你们知道，有害垃圾具体有哪些吗？

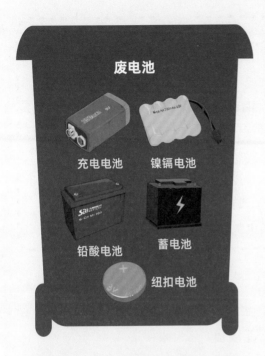

废电池

充电电池　　镍镉电池

铅酸电池　　蓄电池

纽扣电池

废灯管

荧光灯

节能灯

卤素灯

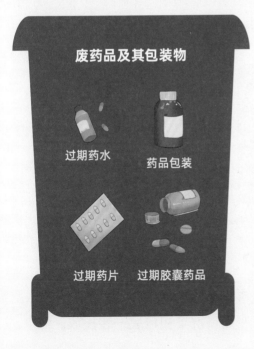

废药品及其包装物

过期药水　　药品包装

过期药片　　过期胶囊药品

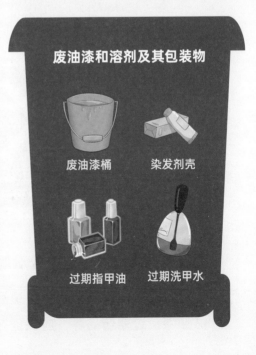

废油漆和溶剂及其包装物

废油漆桶　　染发剂壳

过期指甲油　　过期洗甲水

除了上面那些物品，还有这些常见的有害垃圾：

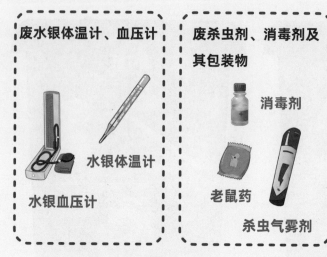

废水银体温计、血压计

水银体温计

水银血压计

废杀虫剂、消毒剂及
其包装物

消毒剂

老鼠药

杀虫气雾剂

废胶片和废相纸

X 光片等感光胶片

照片

相片底片

这些东西虽然看起来不起眼，但如果没有按要求投放，很可能会对环境造成很大的危害。同时要注意，老鼠药和杀虫剂之类的有害物，应放置在儿童不易接触的地方，千万不能误食！

有害垃圾的标志长这样，一定要记住了！

有害垃圾
Hazardous Waste

投放有害垃圾，要注意什么呢？

√ 轻拿轻放。易破损的，包裹后再投放。

√ 油漆、过期药品等，应保证在密闭情况下和包装一起投放。

有害垃圾危害大，那么收集起来的有害垃圾，会怎么处理呢？

填埋：对于部分有害垃圾，可以集中埋入坑洞中，填埋后让大自然慢慢去分解。

✓焚烧：对于部分有害垃圾，只有通过焚烧才可以处理干净，但这样做有一个很大的坏处，就是依然可能会对环境造成污染。

✓特殊处理：部分有害垃圾，只能通过特殊的处置程序，才能对其进行分解。

填埋

焚烧

特殊处理

有害垃圾小口诀

"要有电灯"

"要"——药品，"有"——油漆，

"电"——电池，"灯"——灯管，

"要有电灯"——药物、油漆、电池、灯管。

测一测：
你知道怎么做吗？

现在，你知道哪些是有害垃圾了吗？连一连，把下面的有害垃圾扔进有害垃圾桶，可别弄错了！

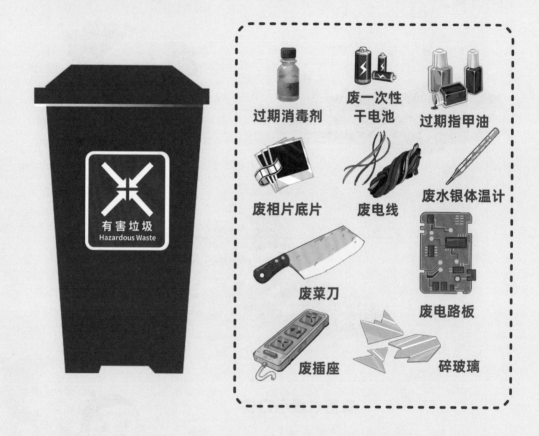

过期消毒剂　废一次性干电池　过期指甲油

废相片底片　废电线　废水银体温计

废菜刀　废电路板

废插座　碎玻璃

有害垃圾
Hazardous Waste

答案：图中的有害垃圾有：过期消毒剂、过期指甲油、废相片底片、废水银体温计、可回收物有：废电线、废菜刀、废电路板、废插座、废玻璃。唯一一次性干电池为其他垃圾。

阿U漫说垃圾分类

苹果是有害垃圾？

消失的废纽扣电池
——废电池害处多

晚上，U爸要扔垃圾，他对阿U说："把废电池给我吧。"

"什么废电池？"阿U一时没反应过来。

U爸指了指阿U的电子手表，阿U立刻明白了——晚饭前，U爸帮他换下的手表废电池。

当时，U爸好不容易同意把旧电池给阿U玩，还特意叮嘱他晚上要给他。可阿U急着用电池给战甲机器人当盾牌，当时答应得心急火燎，然后，就把这个事给忘了。

"我去拿！"阿U立刻跑进房间。可是，桌上并没有电池。难道掉地上了？

阿U又蹲到地上去找，也没有。

U爸看到阿U蹲在地上，就问："怎么了，阿U？"

"电池不见了，但桌子底下有白色的毛和口水印子，所以，"阿U站了起来，虚扶了一下鼻梁上并不存在的眼镜，说道，"真相只有一个，那就是……"

"糟了！"U爸大喊一声，转身就跑。

"小白。"阿U愣愣地把话补完，跟上U爸就跑，"老爸，你急什么？"

"要是小白把电池吞了就糟了，"U爸说，"这废纽扣电池是有害垃圾，对身体危害可大了！"

阿U吓了一大跳。他突然想起来，从吃晚饭开始，小白就没来找他。他还奇怪，小白今天怎么这么乖？看来，它可能是吞了电池，正不舒服着呢。

两人找了一圈，很快就在阳台上找到了撅屁股顶墙角的小白。

好反常的举动啊！

阿U赶紧抱起小白，着急地对U爸说："老爸，快去医院吧！"

U爸正要答应，突然看到墙角闪过一道亮光，抬眼看去，正是那枚废电池。他们再仔细一看，在角落的小凹槽里，还藏着不少东西：弹珠、易拉罐环、笔帽……

原来，这里是小白的"藏宝库"啊！

"你个'小财奴'。"阿U放下心来，用力揉了揉小白的脑袋。

小白汪汪叫了两声，像是在答应似的。U爸和阿U不禁都笑了。

哪些废电池是有害垃圾呢？
来认一认吧。

电动玩具车

充电电池

便携式摄录设备

镍镉电池

电动车

铅酸蓄电池

手机

锂电池

电子手表

纽扣电池

手电筒

一次性干电池

注意，以上除了一次性干电池，其余都是有害垃圾哦！

为什么一次性干电池不是有害垃圾？

现在家中常用的一次性 5 号、7 号干电池，因为已经达到国家要求的低汞或无汞标准，对环境的影响较轻，所以，它不是有害垃圾，可以作为普通垃圾扔进其他垃圾桶。

废电池的危害究竟有多大?

电池的组成成分中有汞、锰、锌等重金属，这些重金属会从丢弃的废电池中流出。如果我们将废电池随处乱扔的话，废电池会对环境进而对人体造成很大的危害。

√一粒小小的纽扣电池，会污染 60 万升的水。假设一个人一天喝 2 升水，那么，60 万升水相当于 10 个人一生的饮水量呢。

√一节废充电电池扔到土壤里，会对一平方土地造成永久性的伤害。

如果我们不小心吃了受废电池污染的水和食物，轻则生病，严重的会危及生命。

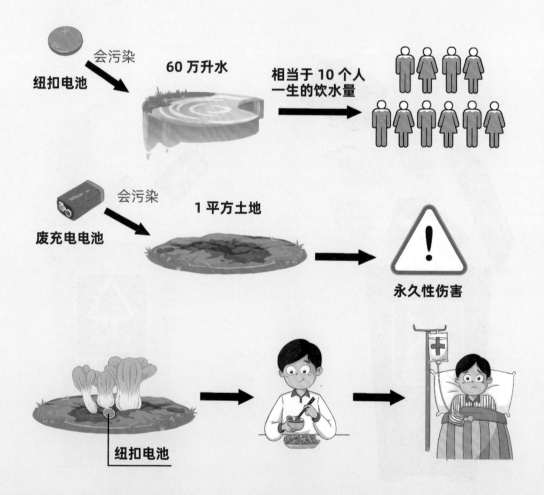

会污染

60 万升水

相当于 10 个人一生的饮水量

纽扣电池

会污染

1 平方土地

废充电电池

永久性伤害

纽扣电池

阿U漫说垃圾分类

我看到啦！

鱼儿翻肚皮的秘密
——油漆、有机溶剂和包装

暑假期间，阿U去乡下爷爷家住了几天。他很喜欢和那里的小伙伴们在田野间玩耍。

这天，他们在稻田里抓到了一条小鱼，想把它养大。爷爷家的后院里有个小铁桶，养鱼正合适。

可没想到，前一天抓的鱼，第二天竟然翻肚皮了。

阿U又难过又纳闷，难道不能用自来水养鱼吗？

怕小伙伴们伤心，阿U费了九牛二虎之力，赶紧又抓了一条。

这回，他把稻田里的水舀到桶里，而且他还担心小鱼饿，又往水里撒了一些面包屑。

这下一定没问题了吧，阿U自信地想着。

然而，第二天……

"为什么啊！"阿U看着铁桶里翻肚皮的小鱼，难过地大喊。

他怎么连一条小鱼都养不活呢？水没问题，吃的也没问题，那是什么有问题？阿U想破脑袋也想不明白。他实在没辙，只好去问U爸。

U爸一到现场，就吃惊地问："你怎么能拿这个铁桶养鱼呢？"

"这个铁桶怎么啦？"阿U觉得奇怪。

"你知道这是什么桶吗？"

　　阿U摇了摇头，但他立刻明白了，问题就出在这个铁桶上。难道这个铁桶有什么不好的地方，把自己变成了小鱼的克星？

　　"这是油漆桶，上个月爷爷刷墙面时留下的，"U爸解释说，"虽然里面的油漆用完了，但铁桶里还有甲醛、苯等有毒的残留物。小鱼在里面，怎么活得了呢？"

　　原来是这样啊！

　　阿U懊悔不已："爸爸，我们赶紧把这个油漆桶扔了吧。"

　　"走，"U爸提起油漆桶说，"这是有害垃圾，可要记牢了。"

　　阿U重重地点了点头："我要把油漆桶的危害性告诉朋友们。"

与废油漆及油漆桶同属一类的有害垃圾，都有哪些呢？

废油漆及油漆桶

废染发剂及染发剂
外包装

其他废有机溶剂
及其包装

1. 有机溶剂是使用很广的有机化合物，生活中的油漆、涂料、清洁剂等液体中都会含有有机溶剂。

2. 装油漆、染发剂及有机溶剂的容器和包装物，也是有害垃圾，可别忘了！

油漆、染发剂及有机溶剂，为什么会对人体产生危害呢？

√油漆中含有很多种对人体有毒害的挥发性有机化合物，如人们熟知的甲醛、苯等物质，还含有汞、铅、镉等重金属。

√染发剂中大多含有致癌物质——对苯二胺。

√有机溶剂中的化学物质很多，大多数对人体都有一定的毒性。人如果长时间吸入其蒸气会引起慢性中毒；如果短时间身处高浓度的有机溶剂蒸气环境下，会导致急性中毒，甚至有生命危险。

如果过多接触这些有害物质，我们的身体会受到很大伤害。如果不好好处理它们的废弃物，我们的环境也会受到危害。

在处置废油漆、废染发剂和废有机溶剂时，有什么要注意的呢？

√一定不能把废弃物倒进排水口，因为这样会堵塞、破坏水管，而且会污染水质。

√因为它们具有较大的挥发性，所以要盖紧盖子密封后，才能扔进有害垃圾桶里。

除了废油漆桶，办公室里废旧的硒鼓和墨盒也都是有害垃圾！

远离过期药品
——过期药品和包装

"住手，邪恶的葡萄大王！你想对大家的晚餐做什么？"

"哼哼，愚蠢的柠檬公爵啊，只要吃了这过期的水果糖，水果公民就会变成没有思维的傀儡，到时候，整个水果世界就由我统治啦！"

"我不会让你的阴谋得逞的！接招吧，葡萄大王！"

"水果世界的最终决战，到底谁胜谁负？请明天同一时间继续收看《水果世界》大结局！"

阿U气呼呼地对着电视屏幕大叫："怎么能这样！一口气播完多好啊！"

U妈在沙发上看报纸，听见阿U的呼叫，忍不住偷笑起来。

"老妈，"阿U突然问道，"你说，水果公民吃水果糖干吗呢？"

这真是个奇怪的问题！

U妈想了想，勉强答道："水果公民身体里糖分多，就喜欢吃水果糖，可能就跟咱们吃维生素一样吧。"

阿U点了点头，觉得老妈说得有道理。他忽然瞪大眼睛，噌地站起来说："老妈，把咱们家的药箱拿来。"

"什么？拿药箱干吗？"

"我有重大发现！"

U妈觉得一头雾水，但她还是拿来了药箱。药箱是药店搭配好的套装，平时也用不上，因为阿U一家人很少生病。阿U这是想干什么？

"葡萄大王能用过期的水果糖让水果公民变成傀儡，老妈你又说水果公民吃水果糖相当于咱们吃维生素，那要是咱们一不小心吃了过期的药品，是不是也有变成傀儡的危险？"

U妈哭笑不得，阿U的想象力真是太丰富了！不过，这回阿U的想象力可帮了大忙，因为U妈确实不记得上次清理药箱是什么时候了。

在阿U的监督下，U妈把药箱翻了个底朝天，清出了一大堆过期药品。阿U正要把它们都扔进垃圾桶，U妈赶紧拦住了他。

"你刚刚还说过期药品有危险，如果随便扔进垃圾桶，万一给小动物吃了，变成傀儡怎么办？"

阿U一拍脑袋，真是疏忽大意了！那过期药品应该怎么处理呢？

U妈笑眯眯地说："过期药品属于有害垃圾，有条件的话，要送到药店、医院的回收箱里，或者扔到有害垃圾桶里去。"

过期药品究竟隐藏着什么危险？我们应该怎么做才能减少浪费，降低危害呢？

我们家里是否也有一个很久没有清理的药箱，里面藏着一些早该丢弃的过期药品呢？

药品过期可不只是没有药效那么简单，还有可能分解出有害成分，不但不能治病，还会对人体产生损害。

同时，过期药品中含有复杂的化学成分，如果将它们不当地暴露在自然环境中，就会伤害其他动物和污染环境。比如，磺胺类、青霉素类药品具有致敏性，会成为看不见的过敏源。

所以，我们要定期清理家中的药箱，谨慎处理过期药品。最好的方法是连带包装，一起送到药店、医院的回收箱，或者投入有害垃圾桶里。

为了减少浪费和污染，平时，我们也要注意药品的保存，应该怎么做呢？

不合适的环境会加速药品过期。比如，胶囊不能存放在高温环境中，最好放在冰箱里；糖浆却不能放在冰箱里，要放在避光的常温环境中；中药里可能含有蜂蜜，所以要注意密封保存，防止虫蛀。

冰箱里的胶囊

柜子里的糖浆

密封盒装起来的中药丸

我们可以调查看看，家中药品的存放方法是否正确，周围又有哪些药店可以回收过期药品。

危险的杀虫剂
——杀虫剂和包装

"三、二、一,开始!"

一声令下,阿U和U爸各抱着一瓶汽水猛地摇晃,速度快得让人连瓶身都看不清了。

"就是现在——开!"

随着砰的一声响,汽水的盖子稍微拧开一点,就被喷涌而出的泡沫弹飞了。阿U和U爸目不斜视,紧紧盯着泡沫四溢的汽水瓶。

"我赢了,我这瓶的泡沫比较多!"阿U得意地大叫。

可是还没得意多久,U妈就急慌慌走进来,嚷嚷着:"哎呀,你们干吗这么吵!怎么会有那么多泡沫?快点擦干净!"

"我们在比赛,看谁晃出的泡沫多嘛。"阿U和U爸吐吐舌头。

U爸老老实实地打扫起来。阿U问:"老妈,你这么着急干吗呀?"

U妈一边在柜子里翻找,一边说:"我放在储藏间的那些瓶子不见了!"

"那些气雾杀虫剂的瓶子吗?我扔掉了。"

"什么!"U妈一下子瞪大了眼睛,"那些不能乱扔!"

阿U很奇怪:"那些杀虫剂都用完了啊,扔掉不是正好?"

"当然不是!杀虫剂可是有毒的,虽然已经喷不出来了,但是瓶子里可能还有残余,随便乱扔会污染环境的,所以,一定要扔到有害垃圾桶里去。"

阿U问:"杀虫剂的瓶子是密封的呀,怎么会污染环境呢?"

"密封更危险,会爆炸的!"U爸擦着地上的泡沫说,"这就像咱们刚刚玩的汽水一样,泡沫不就喷出来了吗?"

阿U问:"这怎么能一样?"

U爸解释道:"你想,汽水喷出来的样子,像不像爆炸?"

阿U想了想,好像是有一点。

U爸接着说:"它们的道理其实都是一样的。内部的压力太大,瓶子受不了就爆炸了。杀虫剂的瓶子是金属的,里面还加了额外的压力,爆炸了可比汽水危险多了!"

阿U一听,拍着脑袋说:"哎呀,真的好危险,这回我是好心办坏事了。老妈你别急,我只是把瓶子扔在家里的垃圾桶里了,我赶紧去捡回来!"

　　我们常见的暴露在外的杀虫剂，有给害虫食用的药丸，喷洒的用于驱逐害虫的药水，撒在角落里的药粉，等等。杀虫剂都带有一定的毒性，可别以为这毒性只是对付小虫子的，伤害不到人。小小的杀虫剂，废弃后处理不当也有很大的危害。

　　如果不小心皮肤接触到杀虫剂，很可能会造成红疹或者被灼伤，甚至有其他危险。如果人不小心误食杀虫剂，就会有生命危险，所以，千万不能随便吃来源不明的药品。

杀虫剂用完后，废弃的包装应该怎么处理？具体处理时有什么需要注意的吗？

　　杀虫剂除了其本身的毒性，还有一个危害容易被忽视，那就是它的包装。我们生活中常见的杀虫剂，如驱蚊喷雾、杀虫喷雾，很多都装在特制的金属喷雾罐里。这些罐子很坚固，没法打开。

　　这是因为这些罐子里额外加入了压力，为的是能灌装更多的药水。这个额外的压力虽然很有用，但也很危险，如果处置不当，遇到猛烈晃动或者外部压力，又或者高温环境，就有爆炸的危险。

　　既然杀虫剂罐是通过压力灌装药水的，那么，把用完的杀虫剂罐回收以后再次施压灌装，是否就可以重复利用了呢？

　　其实，如果把杀虫剂罐和可回收物放在一起是很危险的。

　　首先，残留的杀虫剂可能会污染其他可回收物；其次，受到撞击或阳光直射，杀虫剂罐很容易发生爆炸，存在很大的安全风险。所以，杀虫剂罐不能作为可回收物，而应作为有害垃圾。

杀虫剂有毒性，其包装又有爆炸的危险，所以，我们不能把它当作一般垃圾处理，一定要把它投入有害垃圾桶里，然后收集起来交给专业人员来处理。

危险！这不是孙悟空的金箍棒
——含汞有毒物

阿U很喜欢孙悟空，一有机会就模仿孙悟空打怪除害，可是，他总觉得还差一点东西。

这天，阿U回到家，一眼就看到了茶几上的旧灯管，顿时眼睛亮了："金箍棒！"

他一把拿起灯管，兴高采烈地挥舞起来，边挥还边喊："俺老孙来也！"

正舞得高兴，突然，一个黑乎乎的东西从阿U眼前爬过。

什么东西？

阿U定睛看去，是一只蟑螂。哈哈，是时候展示他真正的本事了。

说时迟，那时快，阿U挥着灯管就追了上去："'蟑螂怪'，哪里跑！吃俺老孙一棒！"没想到，这只蟑螂特别灵活，一追它就跑，一停它也停，像是在逗阿U玩似的。

"好嚣张的'蟑螂怪'！"阿U追得气喘吁吁。终于，他找到机会，看到蟑螂停在了墙角，一动不动。于是，他悄悄地、轻轻地、慢慢地靠近蟑螂，然后举起了灯管。

就在这时，U爸从厕所里走了出来，忍不住大喝一声："阿U，手下留灯！"

蟑螂一惊，哧溜一下蹿得没影了。

阿U不满地说："老爸，你把'蟑螂怪'放跑了。"

U爸奇怪地问："你打蟑螂拿灯管做什么？"

"这是我的'金箍棒'，"阿U得意地说，"除害专用！"

U爸笑着说："你要除害还不简单，它就在你手里啊！"

阿U很奇怪："我手里？只有灯管啊？"

"就是灯管！"U爸解释说。这个坏灯管是他刚拆下来的，他原本打算上完厕所就扔掉，没料到阿U会闹这一出。

"这可不能当你的'金箍棒'。灯管里有汞，汞可是有毒的，会对人和环境造成很大的危害。"

阿U吓了一跳："这么危险的东西，俺老孙要把它赶紧扔掉。"

"且慢，'孙行者'！"U爸打趣地拿出包装盒，说道，"包好了才能扔。"

阿U摆起腾云驾雾的动作，说道："俺老孙来也！"

U爸一看，哈哈大笑起来。

汞，也就是我们常说的水银，它不仅会对人体产生极大的危害，还会对环境造成持久的污染，尽管急性汞中毒的事件并不常见，但是汞污染却长期、广泛地存在着。我们生活中常见的含汞废弃物有：

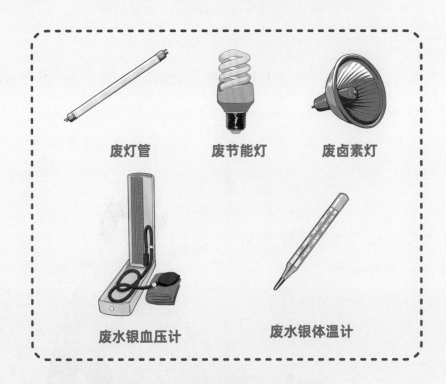

废灯管　　　　废节能灯　　　　废卤素灯

废水银血压计　　　　　废水银体温计

含汞有毒物的危害，究竟有多大？

汞在常温下就可以蒸发。如果人不慎吸入汞蒸气，很容易就会引起汞中毒。

汞渗透进土壤，会造成土壤污染。如果我们不小心吃了这种土壤种植的瓜果蔬菜，很可能会引起汞中毒。

千万不要小看汞的污染力，仅仅 1 毫克汞，就会污染 36 万升地下水。假设一个人一天喝 2 升水，36 万升水大约相当于 490 多个人一年的饮水量。

通常，我们日用的一只节能灯约含 0.5 毫克汞，一支水银体温计约含 1 克汞，因此，一定要正确处理含汞的废弃物。

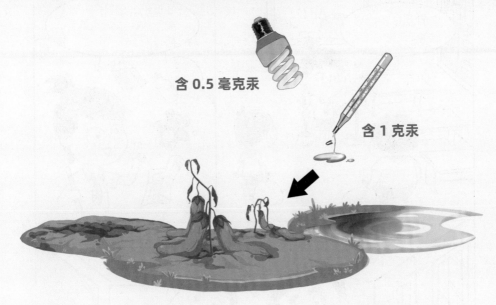

含 0.5 毫克汞

含 1 克汞

我们在扔含汞的有毒物时，有什么需要注意的呢？

√ 一定要轻放，不然像液体一样的汞可能会流出来。

√ 最好先包裹好，连着包装一起扔掉。

垃圾袋中的"宝贝"

第五章　其他垃圾
——其余的垃圾就是它

厨余垃圾
Food Waste

其他垃圾
Residual Waste

一支笔引发的小风波
——其他垃圾有哪些

今天，U爸下班回到家，看到可回收物桶里有支笔。他捡起来看了看，发现是阿U用过的水性笔。

U爸摇摇头："水性笔是其他垃圾，阿U这个小马虎。"他刚要把笔扔进其他垃圾桶，突然想到："换个笔芯不就能用了嘛。"

于是，U爸拿出一支新笔芯换上。

阿U看到爸爸，就咋咋呼呼地叫开了："爸爸，我的笔没水了！"

U爸笑眯眯地将水性笔递给他："看！"

"爸爸，就是它没水了呀！我已经扔进可回收物桶了，怎么又回来了？"

U爸说："你仔细看看。"

阿U低头一看，笔管里有满满的黑乎乎的墨水。原来，U爸换上了新笔芯。

"耶，有水了！谢谢爸爸！"

U爸笑着说："你啊，就算是笔不准备用了，也应该扔到其他垃圾桶。"

"知道啦！"阿U风风火火地进屋写作业去了。

U爸笑着正要打开电视。

"爸爸!"阿U突然一声大喊,惊得U爸手上的遥控器差点掉地上。

U爸以为发生了什么事,赶紧跑进阿U的房间,只见阿U郁闷地说:"爸爸,笔还是写不出字。"

"别急,我来看看。"U爸拿过笔,在一张纸上用力地划拉,果然写不出。他猛地用力,嚓啦一下把纸划出了个洞,笔甩出去掉在了地上。

阿U见了乐得哈哈大笑,拿起纸张戳洞玩:"这支笔生气了,不愿意为我们服务了!"

U爸捡起笔一看,笔头处的外壳裂了,无奈地说:"只能扔了。"

阿U乐呵呵地拿来其他垃圾桶,说:"笔是其他垃圾,爸爸,这回我记牢了。"

U爸听了,满意地点点头。

什么是其他垃圾呢？

其他垃圾是指厨余垃圾、可回收物、有害垃圾以外的其他生活垃圾。我们看看，其他垃圾都有些什么东西吧。

废弃的笔

烟蒂

用过的餐巾纸

破旧陶瓷品

尘土

一次性筷子

其他垃圾的标志，
赶紧来认识一下吧！ ▶

其他垃圾
Residual Waste

了解一下其他垃圾的特点，让我们更容易把它们认出来。

√大多数其他垃圾是一次性的，使用或破损之后，不能再重复利用，比如一次性筷子、受污染的一次性手套、各种物品的外包装等。

√很难自然降解的残余食物，也属于其他垃圾，比如大骨头、贝壳、坚硬果壳等。

√受污染和无法再生的纸张，如用过的卫生纸、复写纸、不干胶纸等都属于其他垃圾。

我们都是
其他垃圾

贝壳

一次性筷子

测一测：
你能选对吗？

看看下图，图中属于其他垃圾的是什么？

A. 地上的纸盒

B. 墙上的广告纸

C. U 爸手中未清洗的一次性餐盒

D. 废弃的抱枕

答案：C. 其他废弃垃圾都属于可回收物。

叮咚！您的外卖到了
——复杂的其他垃圾

U爸最近迷上了美食节目，一回家就跟着节目研究菜谱。终于在看完一整季节目后，他信心满满地说："今天我来给你们露一手！"

U妈和阿U想要观摩，U爸却把他们推出门，说："你们先去买点喝的，等回来我就做好啦！"

U妈和阿U走后，U爸在厨房里开始大展拳脚。可是，鱼一下锅，就因为火候没掌控好烧焦了，U爸只好不舍地把鱼倒进垃圾桶里。接着，他又做起糖醋小排，可这次糖又放多了，只好把小排也扔了。

眼看U妈和阿U快回来了，U爸看着乱七八糟的厨房，急得满头大汗。

突然，手机闹铃响了，U爸拿起手机想："我可以点外卖啊！"于是，他立马点了一份鱼一份排骨，接着，又迅速地把厨房收拾了一番。

这时，门铃响了，U爸以为外卖来了，喜滋滋地去开门。可开门后他就傻眼了，眼前不是外卖小哥，而是阿U和U妈。阿U晃了晃手中的奶茶，说："我们回来了！"

U妈问："大厨，菜做得怎么样了？"

U爸心里一惊，连忙搪塞："马上就好，你们先去看电视！"

叮咚！突然门铃又响了，U爸一个箭步冲到门口。谢天谢地，外卖到了！

U爸偷偷地把外卖放在身后走进厨房，把外卖食物装进盘子里，把外卖盒扔进其他垃圾桶里，然后端着盘子出去了。

阿U和U妈真以为是U爸的手艺呢，连声赞叹。

三人吃完后，撑得饱饱地躺在沙发上。阿U起身要去扔奶茶杯，U妈提醒他："别忘了先把珍珠粒倒进厨余垃圾桶里！"

阿U点点头走进厨房，可他扔垃圾时，却发现厨余垃圾桶里竟然有鱼和排骨，其他垃圾桶里还有两个外卖盒，瞬间他就明白了。

阿U扔完垃圾走出来，故意对U爸说："老爸，你是不是做了两份鱼和排骨啊？"

U爸听闻，瞬间变了脸色："糟糕，垃圾忘扔了！"

平时我们在家点的外卖，要怎么进行详细的分类呢？

1. 如果外卖盒里有剩余的食物，像贝壳、猪骨这样质地较为坚硬的食物，要倒在其他垃圾桶里，普通食物则倒在厨余垃圾桶里。

2. 外卖塑料盒如果未冲洗，则扔进其他垃圾桶里，清洗干净的塑料盒可以扔进可回收物桶里。

3. 沾了油的纸巾和一次性筷子，要放进其他垃圾桶里。

4. 干净的外卖塑料袋属于可回收物哦。

现在很多人喜欢点外卖，外卖每天会产生多少垃圾呢？

近年来，国内外卖平台纷纷兴起，几大外卖巨头的日均订单量竟达到了 2000 万单左右！每天所产生的塑料餐盒多达 6000 万个，而所产生的垃圾袋足够铺满 168 个足球场！

因此，呼吁大家尽量少点外卖哦！

阿美变胖的原因

公益回收大赛
——不是所有纸都可回收

夕阳已经西下，阿U仍然提着个袋子，在小区公园里转来转去。他一会儿蹲在地上捡东西，一会盯着看报纸的大爷。终于，大爷被他盯得不耐烦了，忍不住说："阿U，你老盯着我干什么？"

阿U不好意思地说："爷爷，我想要您的报纸，您看完能给我吗？"

大爷来了兴致，说："哦，你这小孩也喜欢看报纸？"

阿U摇摇头，说："不是的，我有用。"

大爷见阿U很想要，于是好心把报纸给了他。阿U接过报纸，连忙对大爷道谢。

阿U拎着袋子继续在小区里转悠，恰巧看见有个阿姨正在用纸巾擦汗，他连忙上前说："阿姨好，您擦完汗能把纸巾给我吗？"

阿姨愣了一下，随即说："好。"

阿U把擦过汗的纸巾装进袋子，又继续在小区里晃悠。一不留神，他和迎面而来的人撞了个满怀。阿U疼得大喊一声"哎哟"，抬头一看竟是U爸，他正带着小白在散步。

U爸还没来得及说什么，阿U盯着他手里握着的一团卫生纸说："老爸，快把纸给我！"

U爸一头雾水，问："你要这纸做什么啊？"

阿U回答："我正在参加小区的公益比赛呢，看谁回收的废纸最多！"说完，他得意地举起了手中的袋子。

U爸无奈地一笑，说："这个纸可不能给你，这里面有小白的大便，我还要带回家处理呢！"

"这样啊！"阿U失望地低下了头。

"而且，我这纸也不能回收啊！"U爸补充道。

"为什么？"阿U不解。

U爸解释说："这纸被污染了，还怎么回收？"

阿U有点担忧地问："那，还有什么纸不能回收啊？"

U爸伸出手指，一一数着说："餐巾纸、卫生纸、湿纸巾、污损纸张等，这些统统都不能回收。"

U爸话音刚落，阿U手里的袋子就滑落到了地上。

U爸很奇怪，问："怎么啦？"

阿U叹了口气，说："唉，我搜集了半天，除了报纸，原来都是不能回收的纸啊！"

生活中有哪些纸类是不可回收的呢？
还有哪些东西是不能进入垃圾处理系统的？

不可回收的纸类有：被污染过的纸，如沾了油的食品包装纸、卫生纸、纸尿裤、湿纸巾等；成分复杂的纸，如照片、糖果纸、标签纸等；经防水处理过的纸，如纸杯、奶茶纸杯、方便面纸杯等。

不可回收纸类

用过的卫生纸

用过的纸尿裤

湿纸巾

照片

糖果纸

标签纸

纸杯

奶茶纸杯

方便面纸杯

宠物的粪便属于什么垃圾呢？

宠物粪便不能进入垃圾处理系统，而是应该进入城市粪便处理系统。也就是说，宠物粪便应该被投入下水道冲走。如果是在外面，可以先用塑料袋或纸包住，带回家再处理。

所以，出门遛狗前，记得带上纸巾或塑料袋，用来装狗便便哦！这是一个文明市民应该做的呢！

家中惊现奇怪的脸
——生活中常见的其他垃圾

今天放学路上，阿U听兰银波讲了一个有点恐怖的故事：说是有个小偷，总爱在偷窃现场留下一个黑色面具，仿佛这就是他的一张名片。而当警察捕获他的时候，才发现，原来小偷曾经被火烧伤，整张脸都是漆黑的，所以，他才总是戴着面具。

虽然知道这是瞎编的故事，但阿U想起一张漆黑的脸，心里还是有点发毛。

一进家门，U妈拿出一袋垃圾让阿U帮忙去扔。阿U看看外面已经擦黑的天，心里有点发虚。正在他犹豫的时候，小白一跃而过，把垃圾袋撞掉了，垃圾撒得到处都是。

"记得扔进其他垃圾桶哦！"U妈再次提醒。

阿U这才缓过神，急忙蹲下身把垃圾重新收拾好，迅速拿去扔掉了。

晚上，阿U在卧室里看书，却总觉得有点不对劲。墙角的黑暗里，好像总有张脸在对着他。

阿U抄起一本书当作武器，凑近一看。天哪，居然真的是一张黑色的脸！阿U吓得把书砸过去，却半天没动静。

阿U鼓起勇气凑近一看，原来是一张黑色的面具。阿U撕下来，发现这面具软软的，还有点黏糊糊的感觉。

很快，阿U在衣柜下面发现了第二张黑"脸"。接着，阿U一路搜寻，发现了更多的"黑"脸。这是怎么回事呢？

突然，身后传来脚步声，阿U回头一看。

天哪，是一个黑脸人！阿U吓得大叫起来。

"儿子别怕，是妈妈。" U妈赶紧说道。

"你怎么戴着黑色面具？"阿U不解。

"哈哈，不是面具啦，这是我新买的竹炭面膜！" U妈撕下面膜。

"那这些……"阿U举起手里的黑色"面具"。

"这都是之前用掉的面膜，下午不是叫你拿去扔掉了吗？"

阿U这才想起来，下午妈妈叫自己去扔其他垃圾，这些面膜就在其中。

突然，身后响起汪汪的叫声，是小白，它身上也贴着一张黑色面膜。

终于真相大白了，原来那袋垃圾中的旧面膜全都粘到了小白身上，它又把面膜弄得到处都是。

"小白啊小白，你可真把我吓坏了！"阿U嗔怪道。

小白却还在不停地转着圈，想要把身上这张面膜甩下来，完全没搭理阿U。阿U和U妈都笑了起来。

生活中还有很多常见的其他垃圾，具体有哪些东西呢？

生活中有一些废弃物不易腐烂，危害比较小，但无再次利用价值。比如以下这些：

摔坏的眼镜　　碎掉的镜子　　用过的面膜

掉落的头发　　少量尘土　　旧毛巾

旧内裤　　用过的创可贴　　用过的棉签

用过的内衣裤和旧毛巾为什么属于其他垃圾呢？因为用过的内衣裤和旧毛巾容易沾染皮屑及汗液，成为细菌的滋生地，所以，要当作其他垃圾来处理。不过，要尽量把水分沥干，再投入其他垃圾桶内哦！

掉落的头发为什么是其他垃圾？

有人说，头发可以回收做假发，为什么不属于可回收物，反而属于其他垃圾呢？

因为头发的成分是蛋白质，蛋白质由氨基酸组成，微生物很难降解，这就使得头发的腐烂速度非常缓慢，除了将它烧掉以外，很难将它清除干净，所以，头发属于其他垃圾。不过，作为其他垃圾的头发，主要是指生活中的碎发、掉发，因为这些头发量少，不好处理，所以要丢到其他垃圾桶里。

但是，如果是大批量的头发，就会有另外的用途哦。

比如将其制作成假发。对于追求时尚的人来说，去理发店接发就跟买新衣服一样自然，而对于有脱发困扰的人来说，一顶漂亮的假发可以大大提升颜值。

另外，头发还有一些特别的妙用哦！例如，头发吸附石油的能力特别强，在墨西哥湾漏油事件中，头发就为清理漏油做出了重要贡献。

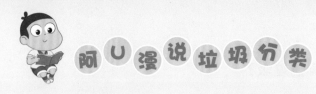

难啃的骨头

厨余垃圾

且慢！

老爸，你看都没肉了，我真的啃不动了。

我是想说，大棒骨不容易腐烂，不是厨余垃圾，是其他垃圾。

回收箱里放鞭炮

——垃圾在国外

"砰!""砰砰!""哐!"

窗外不断传来爆炸声,阿U在德国小伙伴汉斯家里听得心惊肉跳。

"汉斯,你们德国人也有放鞭炮庆祝的习惯吗?今天是什么日子?"

汉斯想了想,说:"来,我带你去看看吧!"

两个人跑到一个小广场。广场上停了好多车,车上下来的人,每人手上都拎着一个大袋子,正往广场角落的几个大铁皮箱走。

阿U觉得奇怪,问:"汉斯,他们这是在干什么呢?"

汉斯笑着解释:"他们要去扔玻璃瓶。那几个铁皮大箱子,是专门回收玻璃瓶的。"

阿U从来没见过这样的事,居然专门开着车来扔玻璃瓶!

汉斯挠挠头,说:"在德国,玻璃瓶要扔到专门的回收箱里,可是回收箱并不是家家都有,而是分区域统一回收,所以大家会攒起来一起扔。"

这时,又响起一阵爆裂声,阿U吓得一跳。

"你们居然在回收箱里放鞭炮?"

汉斯哈哈大笑:"那是玻璃摔碎的声音。"

原来是误会一场。不过,阿U还是很好奇,玻璃和铁皮箱碰撞的动静那么大，这不是制造噪声污染吗?

汉斯得意地说:"别担心，回收玻璃有严格的时间规定，太早太晚都不行，周日也不行。"

阿U对玻璃瓶回收跃跃欲试，马上回到汉斯家，一股脑儿装了好多玻璃瓶。

汉斯连忙拉住他:"阿U，你别急呀，这得先分好类再装。"

什么? 都是玻璃瓶，还要怎么分类呢?

汉斯教他:"要按照颜色，回收箱就是按颜色分的。棕色的瓶子一堆，绿色的瓶子一堆，白色和透明的瓶子一堆。"

"为什么要这样做呢?"

汉斯认真地说:"玻璃瓶的颜色，实际上是玻璃里面加入的着色剂造成的。在玻璃回收的时候，工人需要剔除这些杂质，就要用不同的方法，如果在分类时就按颜色分好，就能减轻工人的负担了。"

阿U不禁感叹道:"你们德国的垃圾分类真是太细致了!"

其他国家是怎样进行垃圾分类的呢？

20世纪70年代，垃圾危机在全世界爆发。各国都开始探索适合自己的垃圾治理道路。

经过这么多年的发展，各国的垃圾治理手段既有相同之处，比如强制立法、违规处罚、科学分类、源头治理等，同时也有各自独特的处理方法。

日本：扔垃圾不容易

日本垃圾分类回收的规定严谨详细，条条款款有数百项之多，世界闻名。

正因为如此，有时连日本本国人民也觉得头疼，所以他们印刷了许多指导垃圾分类的小册子，不但有给成年人看的，有给小朋友看的，还有专门给外国人看的呢！

在日本的大街上，很少看到垃圾桶，因为日本人的习惯是，出门随身携带收集垃圾的袋子，产生的垃圾都用袋子装好，带回家去。是的，带包垃圾回家，是不是很奇怪？

即便带回家里，也不是随便就能扔的。在日本，每种垃圾有专门的收集时间，如果容易臭的垃圾在规定时间忘记扔掉，只能放在家里发臭，等到下次再扔。所以，日本为什么这么干净，是全体国民努力的结果啊！

瑞士：马儿运垃圾

在欧洲，说到最干净的国家，就是瑞士。这都得益于政府细致的垃圾分类投放规定，以及人们良好的垃圾分类习惯。在瑞士，垃圾处理费用相当昂贵，垃圾处理不当的处罚费用当然也不菲。

在瑞士的旅游城市卢塞恩，人们还能见到这样的景观：高大健美、毛发油亮的马儿，拖着干净的垃圾收集箱穿梭在街道上。

这些马儿可不是随便什么垃圾都收，只有可降解的绿色垃圾，才有资格被马儿运走。也许瑞士人觉得，让马儿来运送可以回归大自然的绿色垃圾，更能体现环保精神吧！

美国：乱扔垃圾可能会犯罪

美国以法律健全闻名世界。在别的国家乱扔垃圾只会被处罚金，在美国就可能直接进监狱。

在美国，乱扔垃圾是犯罪行为，根据各州法律不同，违规者不但会被处罚金、罚做社区服务，还有可能入狱，或者干脆两种或三种惩罚并行。

所以，在美国扔垃圾一定要小

心，他们有自己独特的规则。

比如，不是见了垃圾箱就可以扔，有些垃圾箱是有"主人"的哦！有些垃圾箱上贴有公告，注明"只供住户使用"。如果你把自己的垃圾扔到别人的垃圾箱，很可能警察会找上门来，因为很多公寓倒垃圾的地方装有摄像头。

就连一个小小的塑料饮料瓶，怎么扔也和我们国内大不一样。一般超市里配备有饮料瓶回收机，只要把饮料瓶放入回收口，机器会自动判断能不能回收。如果这个饮料瓶没法回收，就只能扔进垃圾桶里。

新加坡：垃圾分类靠自觉

许多国家的垃圾分类要求严格、步骤烦琐，新加坡却与众不同，其垃圾分类规定，清晰简单，容易操作，而且主要靠人们自觉！

新加坡国家环境局说，新加坡有很多严格的环保法律，乱扔垃圾、违禁抽烟、地铁上吃东西都会受到处罚，因此不希望再给人民增加垃圾分类的义务了。

这可不代表新加坡的垃圾处理做得不好，相反在垃圾分类这件事上，新加坡提倡从源头出发，减少垃圾产生。各种生活中接触到的日用品、包装袋，能用可降解、可循环的环保材料就不用其他材质。垃圾的总量减少了，循环利用的材料多了，环境自然就好了。

在新加坡，对焚烧过的垃圾，他们还要用机器进行分拣，金属可以送厂售卖，灰渣可以压成砖块铺路，再利用的效率可高啦！

减少垃圾

U妈的快递消失不见了
——投放垃圾的注意事项

最近这些天，U爸陪阿U去夏令营了，只留U妈一个人在家。

一天，她突然接到快递员电话，原来是网购的新床垫到了。因为是大件，快递柜放不下，U妈就托快递员把它放在了家门口。

可是，U妈下班回到家，却发现门口空荡荡的，连个床垫的影子都没看见。

等不及进门，U妈赶紧打电话联系快递员。快递员解释了半天，虽然很自责，但他确实把快递放门口了。

可是，好端端的快递，怎么会消失呢？难道是被别人拿走了？

U妈赶紧给小区物业打了电话，这才知道今天小区环境卫生大检查，楼道里的东西都被保洁阿姨当垃圾处理了。

这么大一件东西，说扔就扔了？U妈有点生气。

不过，电话里物业管理人员又告诉U妈，因为像床垫这样的大件物品，应该是被当成大件垃圾处理了，而小区楼下就有一个专门放置大件垃圾的地方，U妈的床垫也许还在那里。

U妈抱着最后一丝希望，决定去物业提供的地方找一找。可是，她走到那儿时，看到一辆大卡车正停着，卡车的车厢里放满了大件垃圾，它们将被送到指定地方进行专门处理。U妈仔细看了看，车厢里并没有她买的床垫。

而 U 妈面前的放置点，已经被清理得一干二净了。

看来，这回是彻底找不回来了，U 妈感到很绝望，算了，还是回家吧。

谁知一进家门，一只摇摇晃晃的大纸箱挡住了 U 妈的去路。U 妈左躲也不是，右闪也不是。正无奈的时候，从纸箱边上探出一个小脑袋来。咦，这不是阿 U 吗？

U 妈又惊又喜，原来，阿 U 的夏令营活动提前结束了，U 爸带着他回来的时候，看到放在家门口的快递，就直接拿进去了。

原来如此，可真是虚惊一场啊！

在投放垃圾时应该注意什么呢？
还有哪些特殊的垃圾种类呢？

投放前

纸类应尽量叠放整齐，避免揉团；瓶罐类可回收物应尽可能将容器内的产品用尽，清理干净压扁后再投放；厨余垃圾应做到袋装、密闭；大件垃圾应放到指定地点或电话通知相关人员上门回收。

投放时

应按垃圾分类标志的提示，分别投放到指定的地点和容器中。玻璃等危险物品应包好，小心轻放，以免伤人。

投放后

应注意盖好容器上盖，以免产生异味，滋生蚊蝇，污染周围环境。

在我们的日常生活中，除了日常的几大类垃圾之外，还有几种需要单独处理的垃圾，它们分别是大件垃圾、电子废弃物和装修垃圾。

大件垃圾有哪些？该怎么处理？

大件垃圾是指体积较大、整体性强，需要拆分再处理的废弃物品。比如，废弃的大件家用电器和家具等。

大件垃圾可以预约可回收物回收经营者或者大件垃圾收集运输单位上门回收，或者投放至物业管理人员指定的场所。

桌子

床垫

沙发

床

电子废弃物有哪些？该怎么处理？

电子废弃物俗称"电子垃圾"，指被废弃不再使用的电器或电子设备。

大件电器可联系规范的电子废弃物回收企业预约回收，或按大件垃圾管理要求投放。小型电子产品可按照可回收物的投放方式进行投放。

电子废弃物

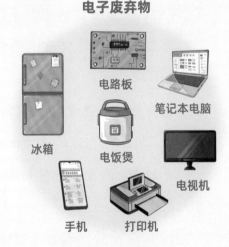

电路板

笔记本电脑

冰箱

电饭煲

电视机

手机

打印机

生活中的装修垃圾有哪些？该怎么处理？

对于装修垃圾，我们应该单独袋装后，将它们投放到指定的装修垃圾堆放场所。

装修垃圾

废马桶

碎石堆

砖头

废涂料

替代塑料袋的最佳选择
——垃圾减量更重要

"太太,这是您要的包子,请拿好!"

"统统不许动!把钱包交出来!"

"救命啊!"

电视上正在播一部讲述民国时期故事的电视剧,U妈最喜欢看了。不过,这会儿U妈不在家,刚刚出门买菜去了。

阿U本来不喜欢看这种电视剧,但注意力却不由自主地被包子吸引了。

冒着热气的包子真好吃啊……那时候居然是用报纸来装包子,好像不太卫生,可是看起来更好吃了……

正想着,就听见砰砰砰有人敲门,他跑去一看,是U妈,手里正提着大包小包呢。

阿U赶紧帮U妈把袋子都搬到厨房,正想好好歇一会儿,U妈却说:"阿U,来帮老妈把塑料袋叠好放起来。"

阿U很奇怪:"塑料袋扔了不就好了?"

"你不懂,这叫环保!"U妈伸手弹弹阿U的小脑门,"塑料袋不易降解,随便扔掉会污染环境,收起来当垃圾袋,可以提高利用率。"

U妈说得有道理,塑料袋重复利用当然好,可是一想到要把这么多袋子一个个理好，阿 U 就头大。

阿 U 突然灵光一现："老妈，干脆以后你买菜都不要用塑料袋了，自带一个大的购物袋不就好了？"

U 妈想了想，阿 U 说得也有道理。每次买菜回来要整理那么多塑料袋，她也很累，而且这么多袋子根本用不完，家里都屯了一大堆了。

她犹豫道："可是，买的新鲜蔬菜上面有泥土，会把购物袋搞得脏兮兮，洗起来也很麻烦啊……"

"我有办法！"

阿 U 冲进书房找出以前的旧报纸，抽出一张，信心满满地把一把小葱包了起来，学着电视上小贩的腔调："太太，这是您的小葱，用报纸包好啦！报纸是可降解材料，不会污染环境。您拿好，下次再来啊！"

U 妈被阿 U 逗得哈哈大笑："就你聪明，鬼点子多！"

对于垃圾的难题，有更好的办法来解决吗？

其实，要解决垃圾难题，一方面要做好垃圾分类，合理处理各种垃圾，另一方面，就是从源头控制，减少垃圾总量！

如果我们平时就注重环保，尽量少制造垃圾，垃圾分类的工作就会轻松不少，我们生活的环境就会更好！

让我们一起学习一些减少垃圾的生活小窍门吧！

一、自带水杯

出门在外总会口渴，虽然去商店买瓶矿泉水很方便，可是剩下的矿泉水瓶成了塑料垃圾，不环保。我们不如自带水杯，健康又环保！

自带水壶

自带餐具

二、自带餐具

在餐厅打包饭菜时会用到一次性餐盒，这是不环保的做法，我们可以自带餐具打包。另外，请少点外卖哦，自己做饭健康又节约！

三、不留剩饭剩菜

粮食是农民伯伯辛勤劳动得来的，本来就不可以随意浪费，再加上处理剩饭剩菜要耗费很多资源，就更加不环保了。所以，我们要极力倡导"光盘行动"。

可反复使用
的购物袋

四、购物袋重复利用

购物袋尽量多次循环使用。如果每次购物自带购物袋，就能减少很多浪费，是保护环境的最佳选择！

五、拒绝过度包装

很多商品的包装很精美，其实是不必要的，因为制造了额外的垃圾，非常不环保。商品重要的是内容物而不是外在包装，让我们向过度包装说不！

阿U的机器人礼物
——用垃圾打造的神奇世界

今年暑假，阿U又来到了爷爷家。听说，爷爷为了迎接阿U，特意准备了一个限量版的机器人。

这可让阿U足足期待了好几天，所以，刚到爷爷家，他就急急忙忙地问："爷爷，我的机器人在哪里？"

爷爷笑呵呵地说："别急，别急。"说着，他从背后拿出一个纸盒子，递给阿U。

阿U拆开盒子一看，哇，超酷的蓝色皮肤，用手扭一扭，每个关节都能活动，不愧是限量版的机器人啊！

阿U迫不及待地拿着机器人去找小伙伴们玩了。

可回来的时候，阿U却哭丧着脸。原来，在玩的时候，机器人身上的一些零件散了架，找不到了。

这让阿U心疼得不得了，爷爷安慰他说："没关系，我来给你修好。"

什么？爷爷还会修机器人？阿U有点不敢相信。很快，爷爷就搬来了一堆东西，有易拉罐、瓶盖、铁丝、铁钳和油漆桶等。

这可把阿U看傻眼了："爷爷，你拿这些东西来做什么？"

爷爷笑着说："修理机器人啊！"

阿U刚点燃的一丝希望又被浇灭了，他失落地低下头："爷爷，你别开玩笑了。"

"爷爷没有开玩笑，因为这个机器人，就是爷爷自己做的。"

自己做的？阿U更不敢相信自己的耳朵了。直到亲眼看着爷爷用这堆"垃圾"把机器人修了回去，阿U这才恍然大悟。原来，这个机器人是爷爷用废弃的瓶盖和易拉罐做成的，只不过它的最外面，被涂上了蓝色的油漆。

阿U忍不住惊呼起来："爷爷，你好厉害啊！"

其实，不止是机器人，爷爷家里还藏着其他宝贝，花园里那些形状独特的花盆，房间里的纸箱储物柜，挂在门上面的纸杯风铃，全部都是爷爷用废弃的垃圾做成的。

这也让阿U萌生了一个想法：他也要加入到爷爷这场变废为宝的行动中来。

于是，阿U挽起袖子，和爷爷一起修理起机器人来。

现在，我们来试试用身边的垃圾 DIY 精美小手工吧！

1. 牛奶盒变身玩具车

我们要准备的材料有：空牛奶盒、彩纸、废纸板、固体胶、剪刀、废钉子。

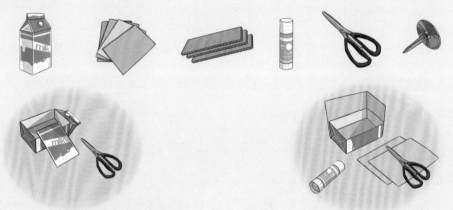

① 用剪刀把空牛奶盒的侧面剪掉。

② 选择一张合适的彩纸，涂上固体胶，粘在牛奶盒的四周。

③ 在废纸板上画出四个同样大小的圆形，用剪刀剪下来，作为玩具车的车轮。

④ 用钉子将每个圆形纸片的中心都戳个洞。

完成啦！

5 用钉子把轮胎固定在玩具车上。

6 在车子外面涂上自己喜欢的图案。

2. 废弃茶叶罐改造小花盆

我们家里的茶叶罐一般都是用锡皮做的，外观设计都非常美观，只要简单处理一下，就能变成好看又别致的花盆哦。准备一个废弃的茶叶罐和一些小碎石子，快点来试一试吧！

1 拿出准备好的茶叶罐，在底部凿几个小气孔。

2 铺上小碎石子，用来排水透气。再把你喜欢的植物移植进去。

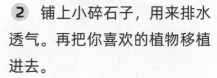

完成啦！

3 弄平整，再给植物浇点水。

仙人掌还能抢救！